中文版

Illustrator

商业案例项目设计
完全解析

赵庆华 / 编著

清华大学出版社

北 京

内 容 简 介

本书是一本全方位讲授平面设计中最为常见的设计项目类型的案例解析式图书。

全书共 12 章，第 1 章为标志设计，第 2 章为名片设计，第 3 章为招贴设计，第 4 章为广告设计，第 5章为画册样本设计，第 6 章为书籍与杂志设计，第 7 章为产品包装设计，第 8 章为网页设计，第 9 章为 UI设计，第 10 章为信息图形设计，第 11 章为 VI 设计，第 12 章为导视系统设计。本书基本涵盖了平面设计师或相关行业工作中涉及的常见任务。

本书内容由浅入深，针对性强，不仅适合作为平面设计人员的参考手册，也可作为大中专院校和培训机构平面设计及相关专业的教材。

图书在版编目 (CIP) 数据

中文版 Illustrator 2022 商业案例项目设计完全解析 / 赵庆华编著 . —北京：清华大学出版社，2023.1
ISBN 978-7-302-62546-9

Ⅰ . ①中… Ⅱ . ①赵… Ⅲ . ①平面设计－图形软件－教材 Ⅳ . ① TP391.412

中国国家版本馆 CIP 数据核字 (2023) 第 022757 号

责任编辑：韩宜波
封面设计：李　坤
版式设计：方加青
责任校对：徐彩虹
责任印制：沈　露

出版发行：清华大学出版社
　　　　　网　　　址：http://www.tup.com.cn，http://www.wqbook.com
　　　　　地　　　址：北京清华大学学研大厦 A 座　　　　邮　　编：100084
　　　　　社 总 机：010-83470000　　　　邮　　购：010-62786544
　　　　　投稿与读者服务：010-62776969，c-service@tup.tsinghua.edu.cn
　　　　　质 量 反 馈：010-62772015，zhiliang@tup.tsinghua.edu.cn
印 装 者：涿州汇美亿浓印刷有限公司
经　　销：全国新华书店
开　　本：190mm×260mm　　　印　　张：16.75　　　字　　数：402 千字
版　　次：2023 年 3 月第 1 版　　　印　　次：2023 年 3 月第 1 次印刷
定　　价：79.80 元

产品编号：098402-01

Preface

前言

Adobe Illustrator 是 Adobe 公司推出的矢量图形制作软件，广泛应用于印刷出版、广告设计、书籍排版、插画绘图、多媒体图像处理、网页设计等行业。鉴于 Adobe Illustrator 在平面设计行业的应用度之高，我们编写了本书，并选择了平面设计中最实用的 12 个项目类别，基本涵盖平面设计师或相关行业日常工作涉及的常见任务。

本书与同类书籍大量介绍软件操作方式的编写方式相比，最大的特点在于本书更侧重从设计思路的培养到项目制作完成的完整流程。本书的每一章都是一种类型的平面设计项目，并从类型设计项目的基础知识出发，逐步介绍该类型设计项目的特点和要求，随后通过典型的商业案例进行实战练习。

商业案例的设计流程为：与客户沟通—分析客户诉求—确定设计方案定位—确定配色方案—确定版面构图方式—进行设计方案的制作。基于以上流程，本书商业案例的讲解从"设计思路"入手，首先分析案例的类型以及项目诉求，根据客户的要求为设计方案确定一个合理的定位，以此作为整个设计方案的设计基础；然后在"配色方案"和"版面构图"两个小节，通过对项目的配色以及构图方式进行分析，使读者了解为什么要选择这种配色方式 / 构图方式、选择这种方式的灵感从何处而来，以及其他可用的配色方式 / 构图方式等。

本书在案例制作的软件操作讲解过程中，还给出了实用的软件功能技巧提示以及设计技巧提示，可供读者扩展学习。

本书各章最后列举了优秀的设计作品以供欣赏，希望读者在学习各章内容后，通过欣赏优秀作品，既能缓解学习的疲劳，又能从优秀作品中汲取"营养"。

本书内容安排如下。

第 1 章 标志设计：主要从标志设计的含义、标志的类型、标志设计的表现形式、标志的形式美法则等方面来学习标志设计。

第 2 章 名片设计：主要从名片的常见类型、构成要素、常见尺寸、常见构图方式以及印刷工艺等方面来学习名片设计。

第 3 章 招贴设计：主要从招贴的含义、常见类型、构成要素、创意手法和表现形式等方面来学习招贴设计。

第 4 章 广告设计：主要从广告的定义、广告的常见类型、广告的版面编排、广告的设计原则等方面来学习广告设计。

第 5 章 画册样本设计：主要从画册样本的含义、画册样本的分类、画册样本的开本等方面来学习画册样本设计。

第 6 章 书籍与杂志设计：主要从书籍与杂志的含义、书籍的装订形式、书籍与杂志的构成元素、书籍设计与杂志设计的异同等方面来学习书籍杂志设计。

第 7 章 产品包装设计：主要从产品包装的含义、产品包装的常见分类、产品包装的常用材料等方面来学习产品包装设计。

第 8 章 网页设计：主要从网页的含义、网页的组成、网页的常见布局、网页安全色等方面来学习网页设计。

第 9 章 UI 设计：主要从 UI 的含义、UI 的组成、电脑客户端与移动设备客户端的界面差异等方面来学习 UI 设计。

第 10 章 信息图形设计：主要从信息图形概述、信息图形的常见分类、信息的图形化常见表现形式等方面来学习信息图形设计。

第 11 章 VI 设计：主要从 VI 的含义、VI 设计的主要组成部分等方面来学习 VI 设计。

第 12 章 导视系统设计：主要从导视系统的含义、导视系统的常见分类等方面来学习导视系统设计。

本书案例用 Illustrator 2022 版本软件进行设计，请各位读者使用该版本进行练习。如果使用过低的版本，可能会造成源文件打开时部分内容无法正确显示的问题。由于本书是设计理论与软件操作相结合的教程，所以建议读者在掌握软件基础操作后进行本书案例的练习。

本书案例中涉及的企业、品牌、产品以及广告语等文字信息均属虚构，只用于辅助教学使用，不具有任何含义。

本书附赠配套资源内容包括本书案例的源文件、素材文件和视频教学文件，以及 PPT 课件，通过扫描下面的二维码，推送到自己的邮箱下载即可。

案例文件

视频、PPT 课件

本书由赵庆华编著，其他参与编写的人员还有王萍、李芳、孙晓军、杨宗香。

由于作者水平有限，书中难免存在不妥之处，敬请广大读者批评和指正。

编　者

Contents

目录

第2章 名片设计

第3章 招贴设计

第4章　广告设计

第5章　画册样本设计

第6章 书籍与杂志设计

第7章 产品包装设计

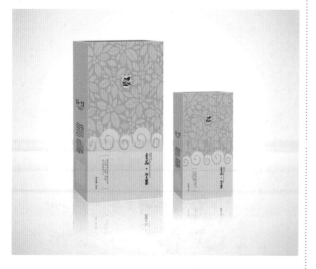

第8章 网页设计

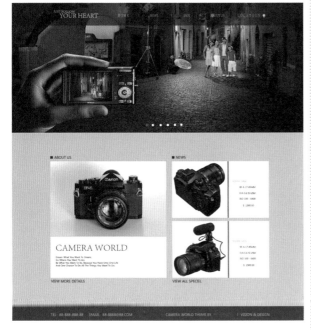

第9章 UI设计

第10章 信息图形设计

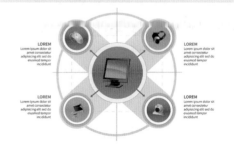

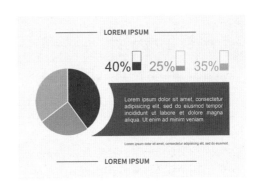

第11章 VI设计

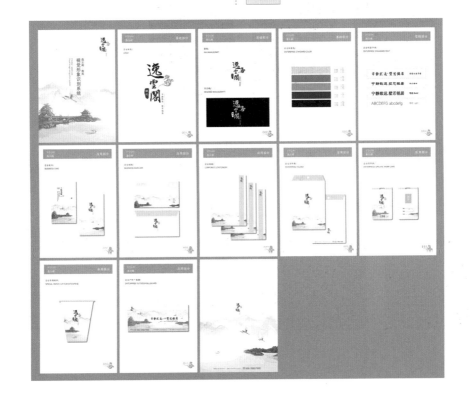

第**12**章 导视系统设计

第1章 标志设计

标志是浓缩多方面内容的"精华",因此我们在标志设计之前就必须了解相应的设计规则和要求,这样才能设计出符合市场、符合大众的标志。本章主要从标志设计的含义、标志的类型、标志设计的表现形式、标志的形式美法则等方面来学习标志设计。

1.1 标志设计概述

标志是以区别于其他对象为前提而突出事物特征属性的一种标记与符号,是一种视觉语言符号。它以传达某种信息、凸显某种特定内涵为目的,以图形或文字等方式呈现;既是人与人沟通的桥梁,也是人与企业之间形成的对话。在当今社会,标志成为一种"身份象征",穿越大街小巷时,各种标志会映入眼帘,即使是一家小小的商铺也会有属于它自己的标志。标志的使用已经成为一种普遍的行为,如图 1-1 所示。

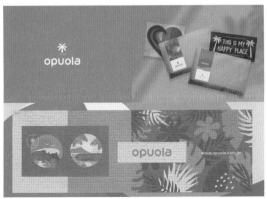

图 1-1

1.1.1 什么是标志

在原始社会,每个氏族或部落都有其特殊的标记(即称之为图腾),一般选用一种认为与自己有某种神秘关系的动物或自然物象,这是标志最早产生的形式,如图 1-2 所示。无论是国内还是国外,标志最初都是采用生活中的各种图案,可以说它是商标标识的萌芽。如今标志的形式多种多样,不再局限于生活中的图案,更多的是表达所要传达的综合信息,成为企业的"代言人",如图 1-3 所示。

图 1-2　　　　图 1-3

标志是一张融合了对象所要表达的所有内容的标签，是企业品牌形象的代表。其将所要传达的内容以精炼而独到的形象呈现在大众眼前，成为一种记号而吸引观者的眼球。标志在现代社会具有不可替代的作用，其功能主要体现在以下几点。

（1）向导功能：对观者起到一定的向导作用，同时确立并扩大了企业的影响。

（2）区别功能：为企业起到一定的区别作用，使得企业具有自己的形象。

（3）保护功能：为消费者提供了质量保证，为企业提供了品牌保护的功能。

1.1.2 标志的基本组成部分

标志主要由文字、图形及色彩三个部分组合而成。三者既可单独进行设计，也可相互组合，如图1-4所示。

图 1-4

（1）文字是传达标志含义最为直观的方式，包含汉字、拉丁字母、数字等。使用不同的文字会给人带来不一样的视觉感受。如传统汉字本身所固有的文化属性，体现了一种悠远浑厚的历史感。不同种类的文字具有不同的特性，所以在进行标志设计时，要深入了解其特性，从而设计出符合主题的作品，如图1-5所示。

图 1-5

（2）图形所包含的范围更加广泛，如几何图形，

人物造型，动、植物，等等。一个经过艺术加工和美化的图形能够起到很好的装饰作用，不仅能突出设计立意，更能使整个画面看起来巧妙生动，如图1-6所示。

图 1-6

（3）色彩在标志设计中是不可缺少的部分。无论是光鲜亮丽的多彩颜色组合还是统一和谐的单色，只要运用得当，都能使人眼前一亮并记忆深刻，如图1-7所示。

图 1-7

1.1.3 标志的设计原则

在现代设计中，标志设计作为最普遍的艺术设计形式之一，不仅与传统的图形设计相关，更是与当代的社会生活紧密联系。在追求标志设计带来社会效益的同时，我们还是要遵循一些基本的设计原则，从而创造出独一无二、具有高价值的标志设计。

（1）识别性：无论是简单的还是复杂的，标志设计最基本的目的就是让大众识别。

（2）原创性：在纷杂的各式标志设计中，只有坚持独创性，避免与其他标志雷同，才可以成为品牌的代表。

（3）独特性：每个品牌都有其各自的特色，其标志也必须彰显其独一无二的文化特色。

（4）简洁性：过于复杂的标志设计不易识别和记忆，简约大方的标志更易理解记忆和传播。

1.1.4 标志的类型

1. 文字标志

文字标志主要包括汉字、字母及数字三种类型文字，是通过对文字的加工，根据不同的象征意义进行有意识的文字设计，如图 1-8 所示。

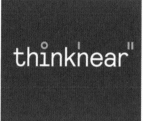

图 1-8

2. 图形标志

图形标志以图形为主，主要分为具象型及抽象型，即自然图形和几何图形。图形标志比文字标志更加清晰明了，易于理解，如图 1-9 所示。

图 1-9

3. 图文结合的标志

图文结合的标志是以图形加文字的形式进行设计的。其表现形式更为多样，效果也更为丰富饱满，应用的范围更为广泛，如图 1-10 所示。

图 1-10

1.1.5 标志设计的表现形式

1. 具象形式

具象形式是对对象的一种高度概括和提炼，是对对象进行一定的加工处理又不失原有象征意义。其素材有自然物、人物、动物、植物、器物、建筑物及景观造型等，如图 1-11 所示。

图 1-11

2. 抽象形式

抽象形式是对抽象的几何图形或符号进行有意义的编排与设计，即利用抽象图形的自然属性所带给观者的视觉感受，赋予一定的内涵与寓意来表现主体所暗含的深意。其素材有三角形、圆形、多边形、方向形标志等，如图 1-12 所示。

图 1-12

3. 文字形式

文字形式是一种多层次表达的形式。文字本身就具有意形等多种意味。它是文字和标志形象组合的表现形式，既有直观意义又有引申和暗含意义，依设计主体而异。不同的汉字给人的视觉冲击不同，其意义也不同。楷书给人以稳重端庄的视觉效果，而隶书具有精致古典之感。文字形式的素材有汉字、拉丁字母、数字等，如图 1-13 所示。

图 1-13

1.1.6 标志的形式美法则

1. 反复

反复是指造型要素依据一定的规律反复出现，从而产生整齐强烈的视觉美感，如图 1-14 所示。

图 1-14

2. 对比

对比是指通过形与形之间的对照比较，突出局部的差异性，从而使得观者记住整体形象。其大致可分为形状、大小、位置、黑白、虚实、综合对比等方式，如图 1-15 所示。

3. 和谐

和谐是指通过形与形之间的相互协调、各要素的

有机结合而形成一种稳定、顺畅的视觉效果。其在统一中求变化，从而给观者带来协调生动的视觉效果，如图 1-16 所示。

图 1-15

图 1-16

4. 渐变

渐变是指通过对图形大小或图形颜色等进行依次递减或递增的设计，从而使得整体效果有一定的层次感和空间感，给观者带来具有节奏感的视觉享受，如图 1-17 所示。

图 1-17

5. 突破

突破是指根据设计需求有意识地对造型要素进行恰到好处的夸张和变化，从而使得作品更加引人注目。在形式上分为上方突破、下方突破、左右突破等，如图 1-18 所示。

图 1-18

6. 对称

对称是指依据图形自身形成完全对称或不完全对称的形式，从而给人一种较为均衡、秩序井然的视觉感受，如图 1-19 所示。

图 1-19

7. 均衡

均衡是指通过一个支点对造型要素进行对称和不对称排列，从而获得一种稳定的视觉感受，如图 1-20 所示。

图 1-20

8. 反衬

反衬是指通过与主体形象相反的次要形象来突出设计主题，使造型要素之间形成一种强烈的对比，突出重点，对观者形成有力的视觉冲击，如图 1-21 所示。

图 1-21

9. 重叠

重叠是指将一个或多个造型要素恰如其分地进行重复或堆叠，从而形成一种层次化、立体化、空间化较强的平面构图，如图 1-22 所示。

图 1-22

10. 变异

变异是指在一个或多个造型要素较为规律的构图中，对某一造型要素进行变化处理，如形状、位置、色彩的变化等，从而达到预期的视觉效果，如图 1-23 所示。

图 1-23

11. 幻视

幻视是指通过一定的色彩组合与图形组合技巧，如波纹、点群和各种平面、立体等构成方式，形成一种可视幻觉，使得画面产生一定的律动感，如图 1-24 所示。

图 1-24

加工修饰，使得标志的整体效果更加生动完美，如图
1-25 所示。

图 1-25

12. 装饰

装饰是在标志设计表现技法的基础之上，进一步

1.2 商业案例：中式古风感标志设计

1.2.1 设计思路

▶ **案例类型**

本案例是一款度假景区主题酒店的标志设计
项目。

▶ **项目诉求**

酒店所处环境依山傍水，取名"山水之间"也
是为了突出环境的清幽、与自然环境融为一体。
酒店的整体装修风格古朴典雅，意图还原古代文
人雅士隐居山林、烹茶抚琴的意象，如图 1-26
所示。

图 1-26

图 1-26（续）

▶ 设计定位

　　根据酒店的这一特征，在设计标志之初就确定了颇具内涵的中式古典风格。而最能代表中式古典风格的意象莫过于"水墨画"，即将度假区特有的自然环境以挥毫泼墨的形式抽象地表现出来，如图 1-27 所示。

图 1-27

1.2.2 配色方案

　　对于消费者而言，度假景区的酒店应给人以轻松、休闲之感，所以本案例采取泼墨山水的形态搭配自然中特有的颜色来表现，既保留古典中式的韵味，又从自然之色中带来一丝清爽。

▶ 主色

　　在大自然中，蓝色、绿色都是令人愉悦的颜色，但却过于普通。而青色则是介于两者之间的颜色，既有蓝的沉静又有绿的葱郁。青色常会让人联想起宁静的湖泊，有淡雅而超凡脱俗之感，这也是本案例选取青色作为主色的原因，如图 1-28 所示。

图 1-28

▶ 辅助色

　　标志整体以高明度、高纯度的青色为主色，辅助以植物中清脆的绿色。这两个颜色为邻近色，搭配在一起协调而富有变化，如图 1-29 所示。

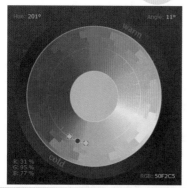

图 1-29

▶ 点缀色

以温厚而踏实的土黄色为点缀色,有效地调和了青绿两款冷色调带来的"距离感",如图 1-30 所示。

图 1-30

▶ 其他配色方案

提到极具中式韵味的"泼墨山水",联想到的自然是黑白灰这样的无彩色。但是,本案例的标志如果采用黑白灰进行制作,可能会使受众产生过于严肃而沉重的感觉,

如图 1-31 所示。而采用单色配色方式,以青色贯穿始终,穿插不同明度,则更能突显清幽之感,如图 1-32 所示。

图 1-31

图 1-32

1.2.3 版面构图

标志的上半部分由 3 个层叠的三角形"山体"组成,底部横卧的"河流"平静而具有延伸性。主体图形外轮廓呈现出典型的三角形,三角形是非常稳定的结构,给人以沉稳、安全之感。同时,三角形也是人们心中"山"的基本形态,与主题相呼应,如图 1-33 所示。标志整体采用了典型的上下构图方式,标志中的中文文字位于图形的正下方,采用非常具有中式特色的"仿宋体",简约而不简单。文字之间以直线进行分割,更具装饰性,如图 1-34 所示。

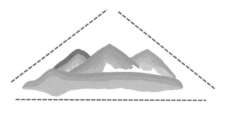

图 1-33

图 1-34

位于标志下方的文字采用了明度和纯度都稍低的深绿色，在纤细的仿宋体的衬托下，展现出松竹般素雅而坚毅的品格。除此之外，采用书法字体也是可以的，但过粗的软笔书法字体会使标志的下半部分过于沉重，相对来说硬笔书法字体则更有韵味，如图1-35所示。

图 1-35

除此之外，还可以将标志图形与文字进行水平排列，如图1-36所示。也可以将中文、英文以及图形部分进行水平方向的居中对齐，显得更为规整，如图1-37所示。

图 1-36

图 1-37

1.2.4 同类作品欣赏

1.2.5 项目实战

▶ 制作流程

本案例主要利用画笔工具配合画笔库中的笔刷，绘制出标志的图形部分，并使用文字工具添加标志上的文字信息，如图1-38所示。

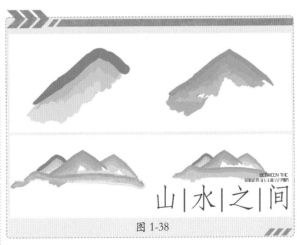

图 1-38

▶ 技术要点

☆ 使用画笔工具配合画笔库制作标志主体图案。

☆ 使用文字工具制作主体文字。

▶ 操作步骤

1. 制作标志的图形部分

步骤 01 执行菜单"文件"→"新建"命令，创建新的空白文件。执行菜单"窗口"→"画笔"命令，弹出"画笔"面板，单击左下角"画笔库菜单"按钮，在弹出的下拉菜单中选择"艺术效果"→"油墨"命令，打开"艺术效果_油墨"面板。在其中选择一种合适的画笔类型，如图 1-39 所示。然后选择工具箱中的画笔工具，在控制栏中设置"描边"为黄色，"描边粗细"为 1pt。在画面中按住鼠标并拖曳，即可绘制出一个类似于山形的图案，如图 1-40 所示。

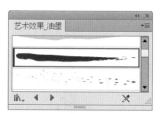

图 1-39

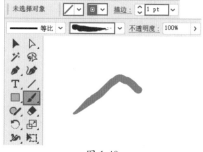

图 1-40

步骤 02 再次在"画笔"面板中单击左下角"画笔库菜单"按钮，在弹出的下拉菜单中选择"艺术效果"→"水彩"命令，打开"艺术效果_水彩"面板。在其中选择一种合适的画笔类型，如图 1-41 所示。然后继续使用画笔工具，在控制栏中设置"描边"为深浅不同的黄色，"描边粗细"为 1pt。多次拖曳鼠标绘制山形图案的各个部分，如图 1-42 所示。

图 1-41　　　　　图 1-42

步骤 03 继续在"画笔"面板中单击画笔库菜单按钮，在弹出的下拉菜单中选择"艺术效果"→"粉

笔炭笔铅笔"命令，打开"艺术效果_粉笔炭笔铅笔"面板。在其中选择一种合适的画笔类型，如图 1-43 所示。然后选择工具箱中的画笔工具，在控制栏中设置"描边"为绿色，"描边粗细"为 1pt。在画面中按住鼠标并拖曳，绘制出第二个绿色的山形图案，如图 1-44 所示。

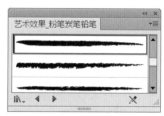

图 1-43

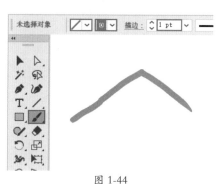

图 1-44

软件操作小贴士

扩展外观

使用画笔工具虽然能够得到类似毛笔笔触的效果，但是当前看到的图形是路径的描边，并不能够对我们直接看到的笔触边缘形态进行调整。如果想要对边缘进行调整，可以执行菜单"对象"→"扩展外观"命令，之后这部分的描边就变为了实体的图形，如图 1-45 所示。

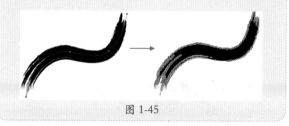

图 1-45

步骤 04 再次单击"画笔库菜单"按钮，执行菜单"艺术效果"→"水彩"命令，在"艺术效果_水彩"面板中选择一种笔刷类型，如图 1-46 所示。使用画笔工具多次绘制，得到颜色不同的笔触效果，如

图 1-47 所示。

图 1-46

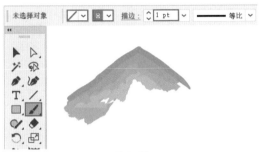

图 1-47

步骤 05 标志中其他图形的制作方法相同。根据上述操作方式，变换颜色，逐一绘制出其他的图形，并进行排列，如图 1-48 所示。

图 1-48

平面设计小贴士

巧用渐变色块营造空间感

虽然标志的主体图形色调比较简单，但是其中的颜色并不单一，山峦和水流的图形都是以不同明度的色块构成的，既丰富了视觉感受，又可以通过明度的变化营造出空间感，如图 1-49 所示。

图 1-49

2. 制作标志的文字部分

步骤 01 接下来为画面添加文字。选择工具箱中的文字工具 T，在控制栏中设置"填充"为深绿色、"描边"为无，设置合适的字体并设置"字号"为 11pt，单击"右对齐"按钮，然后在标志右下角处单击并输入文字，如图 1-50 所示。

图 1-50

步骤 02 继续使用文字工具，在控制栏中设置"填充"为深绿色、"描边"为无，选择合适字体，设置"字号"为 68pt，然后在标志下方单击并输入中文文字，如图 1-51 所示。

图 1-51

步骤 03 在工具箱中选择"直线段工具" ，在文字之间单击，弹出"直线段工具选项"对话框，设置"长度"为 20mm、"角度"为 270°，如图 1-52 所示。将绘制的绿色线条摆放在标志主体文字之间，并复制出另外两条直线，作为分隔线，如图 1-53 所示。

步骤 04 最后使用工具箱中的选择工具 ，通过按住鼠标左键并拖曳，对画面各部分的位置细节进行调整。最终效果如图 1-54 所示。

图 1-52

图 1-53

图 1-54

1.3 商业案例：美妆品牌标志设计

1.3.1 设计思路

▶ 案例类型

本案例是 SUSIE DOREEN 美妆品牌的标志设计项目。

▶ 项目诉求

该品牌以纯天然鲜花植物为原料制成的美妆产品为主，目标消费群体是追求健康、高端生活的年轻女性。在设计时要展现产品天然、安全的特性，打造出注重产品安全、健康且真诚为受众服务的企业形象，如图 1-55 所示。

图 1-55

▶ 设计定位

由于产品非常注重原材料的天然与安全，因此在进行设计时要着重展现这一特性，让受众可以一目了然。针对产品的目标消费对象与品牌定位，我们选用了较为纤细柔美的字体与温柔浪漫的颜色。同时从品牌名称 SUSIE DOREEN 中提取出两个单词首字母作为标志主体图形，如图 1-56 所示。

SUSIE
DOREEN

S
D

图 1-56

1.3.2 配色方案

本案例标志是根据品牌名称进行设计的，采用交叉重叠手法，同时又将文字的部分位置进行断开处理，增强标志的通透感。根据产品温柔浪漫的特性，选用香槟金色作为主色调，营造了温柔、浪漫、优雅的视觉氛围，刚好与消费群体需求与喜好相吻合。

▶ 主色

本案例采用香槟金色作为主色，添加了粉红的金色，增添了温暖与柔情深受广大女性喜爱，如图 1-57 所示。

图 1-57

▶ 辅助色

标志如果全部为明度较高的香槟金色，那么看起来会给人感觉特别"轻"。搭配明度较低的灰色，可以使标志看起来更加"稳重"，如图 1-58 所示。

图 1-58

▶ 其他配色方案

洋红色调的配色符合女性产品的定位，能够突出产品的成熟、典雅，如图 1-59 所示。

图 1-59

淡绿色的配色看起来干净、柔和，要体现产品天然、温和的属性，可以采取此种配色方案，如图 1-60 所示。

图 1-60

1.3.3 版面构图

标志采用图文结合的方式，图形部分是品牌名称首字母的组合，竖排构图的标志中图形部分较大，起到了强调、突出的作用，如图 1-61 所示。

图 1-61

还可以将图形与文字横向排列，横排构图的标志中文字较为醒目，更能突出品牌名称，如图 1-62 所示。

图 1-62

1.3.4 同类作品欣赏

1.3.5 项目实战

▶ 制作流程

本案例图形部分是制作的重点，首先需要使用文字工具添加字母，调整位置使其重叠在一起；接着通过"路径查找器"面板将文字分割，得到图形；最后输入品牌名称即可，如图 1-63 所示。

图 1-63

▶ 技术要点

☆ 使用文字工具添加文字。

☆ 通过"路径查找器"面板进行文字的分割。

▶ 操作步骤

步骤01 执行菜单"文件"→"新建"命令，在弹出的"新建文档"对话框中单击"打印"按钮，在弹出的对话框中选择 A4，然后在右侧设置"方向"为横向，"画板"为 2，设置完成后单击"创建"按钮，如图 1-64 所示。

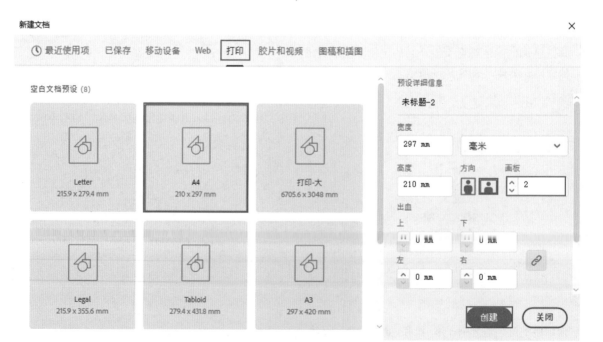

图 1-64

步骤 02 选择工具箱中的矩形工具▢，在控制栏中设置"填充"为浅灰色、"描边"为无。设置完成后绘制一个与画板1等大的矩形，如图1-65所示。

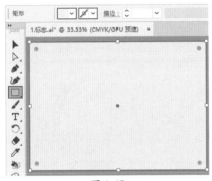

图 1-65

步骤 03 接下来制作标志。从案例效果中可以看出，标志图形是由字母S和字母D交叉重叠后共同构成的，同时字母叠加部位处于断开状态，在无形之中增强了标志的通透感与艺术性，这也刚好与产品特性相吻合。首先选择工具箱中的文字工具，在文档空白位置输入文字。选中文字，在控制栏中设置"填充"为黑色，"描边"为无，同时设置合适的字体、字号，如图1-66所示。

步骤 04 继续使用文字工具在字母S上方输入字母D，如图1-67所示。

图 1-66

图 1-67

步骤 05 下面需要将两个字母转换为图形对象。将两个字母选中，执行菜单"对象"→"扩展"命令，在弹出的"扩展"对话框中单击"确定"按钮，即可将文字转换为图形对象，如图1-68所示。

步骤 06 接着制作字母重叠部位的断开效果。选择工具箱中的矩形工具▢，在控制栏中设置"填充"为白色、"描边"为无。设置完成后，在字母顶部交叉部位右侧绘制图形，如图1-69所示。

图 1-68

图 1-69

步骤 07 将白色小矩形复制一份，放在下方字母交叉部位，并进行适当的旋转，如图1-70所示。

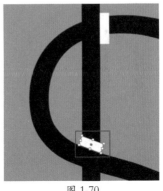

图 1-70

步骤08 继续复制小矩形，将其摆放在其他交叉部位，并进行适当角度的旋转（这样可以保证断开区域的宽度保持一致），如图 1-71 所示。

步骤09 接着制作断开的字母效果。将两个字母和五个白色小矩形全部选中，执行菜单"窗口"→"路径查找器"命令，在弹出的"路径查找器"面板中单击"修边"按钮，将字母中与白色小矩形重叠的部分删除，如图 1-72 所示。

图 1-71

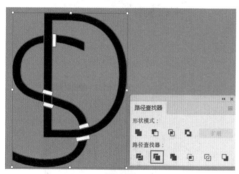

图 1-72

步骤10 将进行过修边处理的文字选中，单击右键执行"取消编组"命令，将图形与字母的编组取消。接着使用选择工具将白色小矩形选中并删除，此时可以看到字母处于断开状态。如图 1-73 所示。

图 1-73

步骤11 将制作完成的标志图形选中，使用快捷键 Ctrl+G 进行编组。接着将其移动至画板 1 中间位置，并适当缩小，然后在控制栏中设置"填充"为浅金色。如图 1-74 所示。

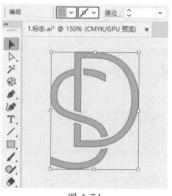

图 1-74

步骤12 接下来在图形下方添加文字。选择工具箱中的文字工具 T ，在图形下方输入文字。在控制栏中设置"填充"为深灰色，"描边"为无，同时设置合适的字体、字号。设置完成后的效果如图 1-75 所示。

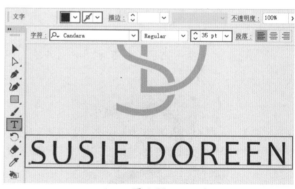

图 1-75

步骤13 继续使用文字工具在已有文字下方单击输入其他文字。标志制作完成，如图 1-76 所示。

图 1-76

步骤 14 接着制作另外一种标志呈现形式。将制作完成的标志中所有对象选中，复制一份放在画板 2 上。然后将标志和文字以左右排列的形式进行呈现，并调整其大小。此时标志的两种不同组合形式制作完成，如图 1-77 所示。

图 1-77

1.4 商业案例：餐饮品牌标志设计

本案例是餐饮品牌"Sweet HOUSE"的标志设计项目。有关本案例的设计思路、配色方案、版面构图、同类作品欣赏以及项目实践的内容通过扫描右侧的二维码下载后进行学习。

1.5 优秀作品欣赏

第 2 章 名片设计

名片是现代社会中人们进行信息交流与展现自我的常用途径。如何更好地在这方寸之间完成信息的传达以及品位的展现是名片设计的重点。本章主要从名片的常见类型、构成要素、常见尺寸、常见构图方式以及印刷工艺等方面来学习名片设计。

2.1 名片设计概述

名片是一张记录和传播个人、团体或组织重要信息的纸片，它包含了所要传播的主要信息，如企业名称、个人联系方式、职务等。名片能够更好、更快地宣传个人或者企业，也是人与人交流的一种工具。一张好的名片设计不仅能够成功地宣传主体所要传达的信息，更能够体现出主体的艺术品位及个性，为建立一个良好的个人或企业印象奠定基础，其示例如图 2-1 所示。

图 2-1

2.1.1 名片的常见类型

名片按其应用主体类型的不同主要可以分为商业名片、公用名片以及个人名片三大类型。

（1）商业名片是用于企业形象宣传的媒介之一，其主要内容是企业及个人信息资料。企业信息资料里包含企业的商标、名称、地址及业务领域等。商业名片的风格一般基于企业的整体形象，有统一的印刷格式。在商业名片中，企业信息是主要的，个人信息是次要的，主要是以盈利为目的，如图 2-2 所示。

图 2-2

（2）公用名片主要用于社会团体或机构等，其主要内容是标志、个人名称、职务、头衔。公用名片的设计风格较为简单，强调实用性，主要是以对外交往和服务为目的，如图 2-3 所示。

图 2-3

（3）个人名片主要用于传递个人信息，其主要内容是持有者的姓名、职业、单位名称及必要通信方式等私人信息。在个人名片中也可以不使用标志，更多依据个人喜欢指定相应风格，设计更加个性化，主要是以交流感情为目的，如图 2-4 所示。

图 2-4

2.1.2 名片的构成要素

标志：标志常见于商业名片或公用名片，一般是使用图形或文字造型设计并注册的商标。标志是一个企业或机构形象的浓缩体，通常只要是有自己品牌的公司或企业，都会在名片设计中添加标志要素，如图 2-5 所示。

图 2-5

图案：图案的使用在名片中是比较广泛的。图案可以作为名片版面的底纹，也可以作为独立出现的具有装饰性的图片。图案的风格不固定，照片、几何图形、底纹、企业产品或建筑等都可以作为图案出现在名片中。根据名片持有者的特点，个人名片一般较为个性化，商业或公用名片使用范围较广泛，一般依据其形象进行图案的选择，如图 2-6 所示。

图 2-6

文字：文字是信息传达的重要途径，也是构成名片的重要组成部分。个人名片和商业名片的文字有所区别，个人名片中个人信息占主要地位，它包含姓名、职务、单位名称及必要通信方式，私人信息较多，在字体的选用上也较丰富多样，依个人喜好而定。商业名片不仅包括必要的个人信息，还包括企业信息，并且企业信息占主要地位。个人信息主要有人名、中英文职称，不含私人信息。企业信息主要有公司名称（中英文）、营业项目、公司标语、中英文地址、电话、行动电话、传真号码等，如图 2-7 所示。

图 2-7

2.1.3 名片的常见尺寸

国内常规的横版名片尺寸有 90mm×54mm、90mm×50mm、90mm×45mm，在进行设计制作时，上下、左右分别要预留出 2 ～ 3mm 的出血位，所以在软件中制作的尺寸要相对大一些。欧美常用名片尺寸为 90mm×50mm，如图 2-8 所示。

图 2-8

除横版名片以外，竖版名片也是比较常见的类型。竖版名片的尺寸通常为 54mm×90mm，如图 2-9 所示。

图 2-9

折卡式名片是一种较为特殊的名片形式，国内常见折卡名片尺寸为 90mm×108mm，欧美常见折卡名片尺寸为 90mm×100mm，如图 2-10 所示。

图 2-10

名片的形状并不都是方方正正的，创意十足的异形名片因其更能吸引消费者眼球，所以也越来越受到欢迎。异形名片的尺寸并不固定，需要依据设计方案而定，如图 2-11 所示。

图 2-11

2.1.4 名片的常见构图方式

名片的版面空间较小，需要排布的内容相对来说比较格式化，所以在版面的构图上需要花些心思，使名片更加与众不同。下面就来了解常见的构图方式。

左右形构图：标志、文案左右分开排列，但不一定是完全对称，如图 2-12 所示。

图 2-12

对称形构图：标志、文案左右以中轴线为准居中排列，完全对称，如图 2-13 所示。

图 2-13

中心形构图：标志、主题、辅助文案以画面中心点为准，聚集在一个区域范围内居中排列，如图 2-14 所示。

图 2-14

三角形构图：标志、主题、辅助文案通常集中在一个三角形的区域范围内，如图 2-15 所示。

图 2-15

半圆形构图：标志、主题、辅助文案集中于一个半圆形范围内，如图 2-16 所示。

图 2-16

圆形构图：标志、主题、辅助文案集中于一个圆形范围内，如图 2-17 所示。

图 2-17

稳定形构图：画面的中上部分为主题和标志，下面为辅助说明，这种构图方式比较稳定，如图 2-18 所示。

图 2-18

倾斜形构图：这是一种具有动感的构图，标志、主题、辅助文案按照一定的斜度放置，如图 2-19 所示。

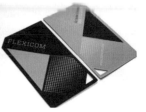

图 2-19

2.1.5 名片的后期特殊工艺

为了使名片更吸引人眼球，在印刷名片时往往会使用一些特殊的工艺，例如模切、打孔、UV、凹凸、烫金等，来制作出更加丰富的效果。

模切：模切是印刷中常用的一道工艺。应依据产品样式的需要，利用模切刀的压力作用，将名片轧切成所需要的形状，是制作异形名片常用的工艺，如图 2-20 所示。

图 2-20

打孔：打孔一般为圆孔和多孔，多用于较为个性化的名片设计制作。打孔的名片充分满足了视觉需要，具有一定的层次感和独特感，如图 2-21 所示。

图 2-21

UV：利用专用 UV 油墨在 UV 印刷机上实现 UV 印刷效果，使得局部或整个表面光亮凸起。UV 工艺的名片突出了名片里的某些重点信息并使得整个画面获得一种高雅形象，如图 2-22 所示。

图 2-22

凹凸：凹凸是通过一组阴阳相对的凹模板或凸模板加压在承印物之上而产生浮雕状凹凸图案，使画面具有立体感，不仅提高了视觉冲击力，还有一定的触觉感，如图 2-23 所示。

图 2-23

烫金：烫金有烫金和烫银等类型。它是利用电化铝烫印箔的加热和加压性能，将金色或银色的图形文字烫印在名片的表面，使得整个画面看起来鲜艳夺目、具有设计感，如图 2-24 所示。

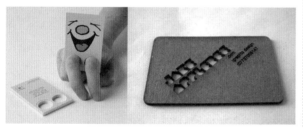

图 2-24

2.2 商业案例：简约商务风格名片设计

2.2.1 设计思路

▶ 案例类型

本案例是一款设计公司的名片设计项目。

▶ 项目诉求

作为一款商务名片，设计风格力求简洁、大气，但是名片的使用主体为设计公司，所以在简洁、大气的基础上要重点展现艺术设计企业的特点。

▶ 设计定位

商务名片为了表现企业的严谨、专业以及规范化，通常在名片的表现上都比较简单。直抒胸臆般地将信息展现在名片上，难免给人以呆板、空洞之感。而本项目的主体是设计公司，艺术设计行业是创意产业，思想、创新、内涵、活力是企业的核心。所以，名片既要保留商务感，又要凸显设计公司的创意性，最终名片整体定位为"简约＋灵动"，以简约的版面搭配轻松跳跃的颜色，展现静谧方寸之间的灵动之感，如图 2-25 和图 2-26 所示。

图 2-25

图 2-26

2.2.2 配色方案

本案例主要采取了邻近色的配色方式，清亮的蓝色搭配悦动的黄绿色，突出商务感的同时又展示出企业年轻活力的一面。

▶ 主色

在色彩的世界中，蓝色代表理智、沉稳、独立和平静，是代表真理与和谐的颜色。蓝色常被应用在商务领域的设计中，这也是本案例选取蓝色为主色的原因，如图 2-27 所示。

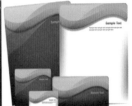

图 2-27

▶ 辅助色

蓝色是商务的代表色，而且蓝色会有一种严格、古板、冷酷的感觉，所以需要添加一些其他颜色进行调节。本案例辅助以大自然中的绿色作为衬托。绿色是令人愉悦的颜色，是生机、清新的象征，是一种易于被人接受的色彩。绿色与蓝色作为邻近色，搭配在一起犹如蓝天与草地，和谐而充满生命力，如图 2-28 所示。

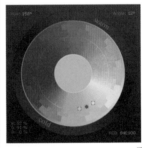

图 2-28

▶ 点缀色

在蓝绿相间的版面中以代表谦虚的灰色作为点缀，可以有效地调节蓝绿色搭配产生的过度的视觉反差，如图 2-29 所示。

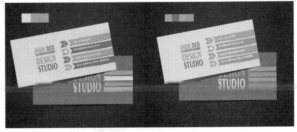

图 2-29

▶ 其他配色方案

本案例的名片也可以采用绿色为主色的色彩搭配方案，用黄绿和孔雀石绿搭配，可以传递出生机、萌动之感，如图 2-30 所示。除此之外，也可以蓝色为主色点缀明艳的柠檬黄，柠檬黄传达出希望和阳光的味道，而蓝色可以给人开阔和清新的天空的印象，如图 2-31 所示。

图 2-30

图 2-31

2.2.3 版面构图

本案例设计的名片采用的是典型的左右构图方式。以垂直线将版面分割为左、右两个部分，左侧为企业名称信息，右侧则是联系方式、地址等信息，版面整体简洁利落，如图 2-32 所示。

图 2-32

名片右侧的通信方式等信息采用的是垂直对齐排列的方式，除此之外，还可以将部分信息移动到版面

的下半部分，使整个画面呈现出上下分割或者对称式构图效果，如图 2-33 所示。

图 2-33

2.2.4 同类作品欣赏

▶ 制作流程

　　本案例主要使用矩形工具、钢笔工具和文字工具进行制作。首先使用矩形工具绘制出名片大小的矩形，接着使用文字工具输入名片内容，并使用钢笔工具绘制出名片上的辅助图形，如图 2-34 所示。

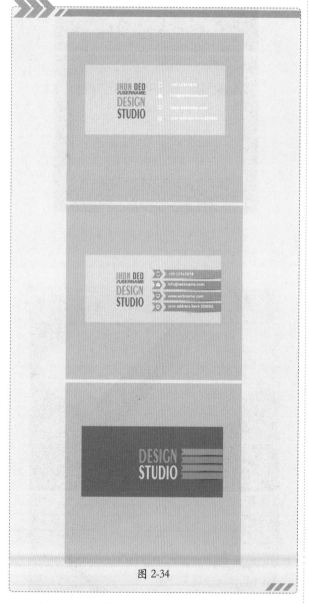

图 2-34

▶ 技术要点

　☆　使用矩形工具制作名片底色。
　☆　使用文字工具制作名片上的文字信息。
　☆　使用钢笔工具制作标志上的图案。

▶ 操作步骤

1. 制作名片平面图

步骤 01 执行菜单"文件"→"新建"命令，在弹出的"新建文档"对话框中设置"单位"为"毫米"，设置"宽度"为 95mm、"高度"为 45mm、"方向"为横向，参数设置如图 2-35 所示。单击"创建"按钮完成操作，效果如图 2-36 所示。

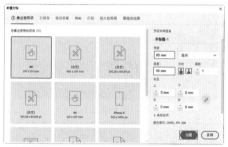

图 2-35

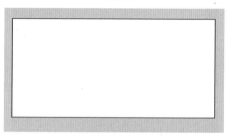

图 2-36

步骤 02 选择工具箱中的矩形工具 ▢，设置"填充"为灰色、"描边"为无，然后在画面中按住鼠标左键并拖动，绘制一个与画板等大的矩形，如图 2-37 所示。

图 2-37

步骤 03 选择工具箱中的钢笔工具 ✎，在控制栏中设置"填充"为灰色、"描边"为无、绘制出一个不规则图形，如图 2-38 所示。选择该图形，使用快捷键 Ctrl+C 进行复制，然后使用快捷键 Ctrl+V 进行粘贴。将该图形复制三份，然后移动图形到相应位置，并填充不同的颜色，效果如图 2-39 所示。

图 2-38

图 2-39

步骤 04 继续使用钢笔工具，在控制栏中设置"填充"为绿色、"描边"为无，绘制图形，如图 2-40 所示。

图 2-40

步骤 05 为绿色的彩条添加投影效果。选择工具箱中的钢笔工具，先将其"填充"及"描边"设置为无，然后绘制一个表示投影区域的图形，如图 2-41 所示。选择该图形，执行菜单"窗口"→"渐变"命令，在"渐变"面板中编辑一个由黑色到透明的渐变，设置"类型"为"线性"，如图 2-42 所示。填充完成后，使用渐变工具调整渐变的角度，最终效果如图 2-43 所示。

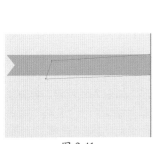

图 2-41　　　　　图 2-42

图 2-43

步骤 06 接着选择该图形，执行菜单"对象"→"排列"→"后移一层"命令，将该形状移动到绿色彩条的下方，效果如图 2-44 所示。为了使投影效果更加真实，需要将其进行模糊处理。选择该图形，执行菜单"效果"→"模糊"→"高斯模糊"命令，在打开的"高斯模糊"对话框中设置"半径"为 1 像素，设置完成后单击"确定"按钮，效果如图 2-45 所示。

图 2-44

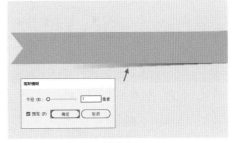

图 2-45

步骤 07 选中彩条及其投影，利用"编辑"→"复制"命令与"编辑"→"粘贴"命令，将其复制 3 份，并放置在相应位置，接着将彩条填充为不同的颜色，效果如图 2-46 所示。执行菜单"文件"→"打开"命令，打开素材"2.ai"，框选素材文件中的小图标，执行菜单"编辑"→"复制"命令，然后回到原始文件中，执行菜单"编辑"→"粘贴"命令，将图标素材粘贴到本文档内，并移动到合适位置，效果如图 2-47 所示。

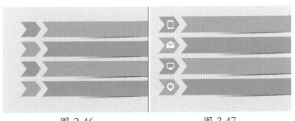

图 2-46　　　　　图 2-47

步骤 08 选择工具箱中的文字工具 T，在控制栏中选择合适的字体以及字号，设置填充颜色为"白色"，在绘制的区域内输入文字，如图 2-48 所示。用同样的方法，分别在其他区域内输入三组不同的文字，如图 2-49 所示。

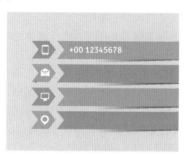

图 2-48

图 2-49

步骤 09 继续使用文字工具，在控制栏中选择合适的字体以及字号，设置"填充"颜色为绿色、"描边"为无，在左侧单击并输入文字，如图 2-50 所示。接着使用文字工具选中后半部分字母，然后在控制栏中设置填充颜色为蓝色，效果如图 2-51 所示。

图 2-50

图 2-51

步骤 10 使用同样的方法，继续为名片添加文字，设置合适的字体和字号，输入几组不同的文字，如图 2-52 所示。

图 2-52

平面设计小贴士

文字在平面设计中的意义

平面设计有两大构成要素，即图形和文字。文字在平面设计中，不仅仅局限于传达信息，它还具有影响版面视觉效果的作用。在平面设计中，文字的字体、字号以及颜色的选择都会对版面效果产生较大的影响。例如，本案例中左侧的文字为重点展示的内容，所以采用了稍大的字号，字体也较粗，更具视觉冲击力；右侧的文字则选择了"中规中矩"的字体，在信息传达的同时营造和谐的版面效果。

步骤 11 接着制作名片的背面。首先需要新建一个等大的画板。选择工具箱中的画板工具 回，然后单击控制栏中的"新建画板"按钮 回，此时将光标移动到画面中，画面中将出现一个与之前画面等大的新画板，在"画板 1"的右侧单击即可新建"画板 2"，如图 2-53 所示。

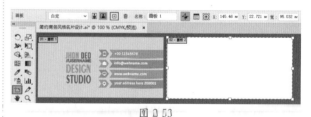

图 2-53

步骤 12 选择工具箱中的矩形工具 回，在控制栏中设置"填充"为蓝色、"描边"为无，然后在"画板 2"中绘制一个与画板等大的矩形，如图 2-54 所示。接着加选名片正面的彩条，执行菜单"编辑"→"复制"命令与"编辑"→"粘贴"命令，然后将粘贴出的彩条移动到"画板 2"中，如图 2-55 所示。

图 2-54

图 2-55

步骤13 最后使用文字工具输入名片背面的文字，效果如图 2-56 所示。

图 2-56

2. 制作名片立体展示效果

步骤01 下面开始制作名片的展示效果。使用画板工具在画面中新建一个宽度为 185mm、高度为 125mm 的"画板 3"，如图 2-57 所示。执行菜单"文件"→"置入"命令，置入背景素材"1.jpg"，接着单击控制栏中的"嵌入"按钮，完成素材的置入操作，如图 2-58 所示。

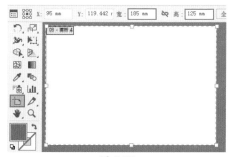

图 2-57

图 2-58

步骤02 选中名片背面的内容，使用命令快捷键 Ctrl+G 将名片背面进行编组；然后使用菜单"编辑"→"复制"命令与"编辑"→"粘贴"命令，将复制出的名片背面移动到"画板 3"中，如图 2-59 所示。接着使用钢笔工具在卡片的下方绘制一个三角形，制作名片的投影，如图 2-60 所示。

图 2-59

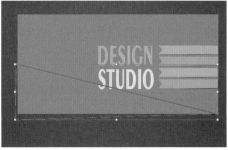

图 2-60

步骤03 选中刚刚绘制的图形，执行菜单"窗口"→"渐变"命令，在"渐变"面板中编辑一个由白色到黑色的渐变，如图 2-61 所示。单击渐变色块，为三角形赋予渐变效果，如图 2-62 所示。

步骤04 选中图形，多次执行菜单"对象"→"排列"→"后移一层"命令，将图形移动到名片的后方，如图 2-63 所示。接着选中图形，单击控制栏中的"不透明度"按钮，在下拉面板中设置"混合模式"为"正片叠底"，效果如图 2-64 所示。

图 2-61

图 2-62

图 2-64

图 2-63

图 2-65

步骤 05 使用同样的方法制作名片的正面效果，摆放在合适位置，最终效果如图 2-65 所示。

2.3 商业案例：清新自然风个人名片设计

2.3.1 设计思路

▶ 案例类型

本案例是一款独立设计师的个人名片设计项目。

▶ 项目诉求

本案例的名片属于一位独立的女性设计师，崇尚自然，热爱生活。其作品风格明快清新，贴近自然，所以名片既需要展现个人的独特魅力，又要体现其设计作品的风格倾向性。

▶ 设计定位

从个人作品中不难看出这位设计师的喜好，清新、自然就是本案例名片设计的关键词。提到清新自然，便让人联想到春天生机勃勃、清新活力的景象，所以在设计之时就将名片整体风格定位于此，如图 2-66 和图 2-67 所示。

图 2-66　　　　　　　图 2-67

2.3.2 配色方案

绿色是大自然最好的代表色，同时又充满了自由生机之感，所以本案例就选择了这种非常典型的颜色进行设计。

▶ 色调方案

本案例采用了单一色调的配色方案，整个画面采用了深浅不同的绿色进行搭配，既保持了画面色调的统一，又避免了单一颜色造成的单调之感，如图 2-68 所示。画面中绿色以外的区域保留了部分留白，高明度无彩色"白"在调节画面的同时还能够营造出强烈的空间感，如图 2-69 所示。

图 2-68　　　　　　　图 2-69

▶ 其他配色方案

要体现清新自然，除了可以用绿色作为主色调外，

还可以选择浅蓝色，虽然本案例选择蓝色作为主色调虽然可以体现出清新，但是不能很好地体现女性持有者的特征，如图 2-70 所示。本案例也可以选择用黄色作为主色调，但黄色太富有张力，虽然能体现出活力，但是也容易使人产生焦躁的感觉，如图 2-71 所示。

图 2-70

图 2-71

2.3.3 版面构图

名片的正面采用了圆形构图。利用图形与颜色的差异构成相对完整的圆形，然后将主体文字信息摆放在其中。圆形本身就具有膨胀感，在版面中对周边空间有很强的占有感。文字及图形向内集中，版面整体饱满又富有张力，如图 2-72 所示。名片背面的版面空间内，圆环图形保留部分弧线，将版面分为两个部分，两部分文字内容分列左上和右下两个区域内，如图 2-73 所示。

图 2-72

图 2-73

除了以上的构图方式外，名片背面的版式也可以

进行一定调整，例如将文字信息排列在底部，使版面呈现出一种分割式的构图效果，如图 2-74 所示。或将全部文字信息聚集在版面左侧，更加便于阅读，如图 2-75 所示。

图 2-74

图 2-75

2.3.4 同类作品欣赏

2.3.5 项目实战

▶ 制作流程

首先使用圆角矩形工具绘制出名片大小的矩形，然后使用椭圆工具绘制出多个合适大小的圆形，最后使用文字工具为名片添加文字信息，如图 2-76 所示。

图 2-76

▶ 技术要点

☆ 使用文字工具制作文字信息。

☆ 使用椭圆工具制作名片主体图案。

☆ 使用"渐变"面板为名片着色。

▶ 操作步骤

步骤 01 执行菜单"文件"→"新建"命令，在弹出的"新建文档"对话框中设置"宽度"为 200mm、"高度"为 150mm、"方向"为横向，如图 2-77 所示。单击"确定"按钮完成操作，效果如图 2-78 所示。

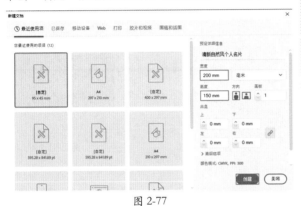

图 2-77

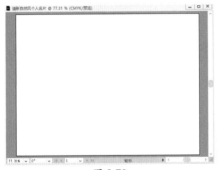

图 2-78

步骤 02 选择工具箱中的矩形工具 ▢，绘制一个与画板等大的矩形；然后执行菜单"窗口"→"渐变"命令，在打开的"渐变"对话框中设置"类型"为"径向"，颜色为由白色到淡青色的渐变颜色，如图 2-79 所示。填充效果如图 2-80 所示。

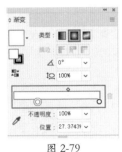

图 2-79　　　　　　　图 2-80

步骤 03 按下来制作卡片的正面。选择工具箱中的圆角矩形工具 ▢，然后在画面中单击，在弹出的"圆角矩形"对话框中设置"高度"为 90mm、"高度"为 54mm、"圆角半径"为 3mm，如图 2-81 所示。设置完成后单击"确定"按钮，随即可以得到一个圆角矩形，如图 2-82 所示。

步骤 04 选择该圆角矩形，在"渐变"面板中编

辑一种绿色系的径向渐变，如图 2-83 所示。单击该渐变色块，圆角矩形效果如图 2-84 所示。

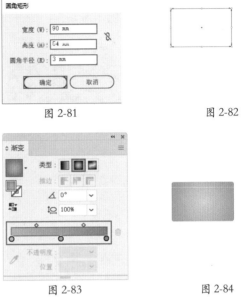

图 2-81　　　　　　　图 2-82

图 2-83　　　　　　　图 2-84

步骤 05 选择工具箱中的椭圆工具 ○，在控制栏中设置颜色为青色，在画面中按住 Shift 键绘制出合适大小的圆形，如图 2-85 所示。继续绘制多个大小不一、颜色不同的正圆，重叠摆放在一起。选中这些圆形，并使用快捷键 Ctrl+G 进行编组，然后移动到圆角矩形上，如图 2-86 所示。

图 2-85

图 2-86

步骤 06 接着利用剪切蒙版将超出名片范围的圆形进行隐藏。选中绿色的圆角矩形，使用快捷键

Ctrl+C 将其进行复制；然后使用快捷键 Ctrl+F 将圆角矩形粘贴到正圆的前方，如图 2-87 所示。接着加选前方的圆角矩形与正圆组，执行菜单"对象"→"剪切蒙版"→"建立"命令，效果如图 2-88 所示。

图 2-87 　　　　　　　　图 2-88

软件操作小贴士

Illustrator 中的各种粘贴命令

执行菜单"编辑"→"复制"命令可以将选中的对象进行复制，接着执行菜单"编辑"→"粘贴"命令可以将复制的对象复制一份；除此之外，执行"贴在前面"命令，可以将复制的对象粘贴到选中对象的前方；执行"贴在后面"命令，可以将复制的对象粘贴到选中对象的后方；执行"就地粘贴"命令即可将复制的对象贴在原位；执行"在所有画板上粘贴"命令即可将复制的对象粘贴在所有的画板上，如图 2-89 所示。

图 2-89

步骤 07 执行菜单"窗口"→"透明度"命令，打开"透明度"面板；选择剪切后的圆形组，在打开的"透明度"面板中设置"混合模式"为"颜色加深"，"不透明度"为 70%，如图 2-90 所示。效果如图 2-91 所示。

步骤 08 继续在合适位置绘制一个白色的正圆，如图 2-92 所示。然后使用文字工具 T 在相应位置输入文字，效果如图 2-93 所示。

步骤 09 接下来制作名片的另一面。将名片加选

并编组，使用快捷键 Ctrl+C 进行复制，然后使用快捷键 Ctrl+V 进行粘贴，并移动到合适位置，如图 2-94 所示。将文字和白色的正圆选中，按 Delete 键删除，如图 2-95 所示。

图 2-90 　　　　　　　　图 2-91

图 2-92 　　　　　　　　图 2-93

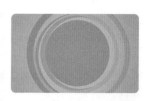

图 2-94 　　　　　　　　图 2-95

步骤 10 选中圆形图形组，执行菜单"对象"→"剪切蒙版"→"释放"命令，释放剪切蒙版，然后将正圆组放大到合适大小，如图 2-96 所示。继续利用剪切蒙版隐藏多余内容，然后设置其"混合模式"为"颜色加深"、"不透明度"为 70%，效果如图 2-97所示。

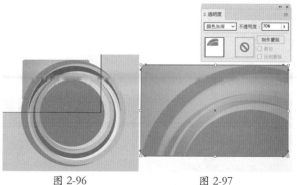

图 2-96 　　　　　　　　图 2-97

步骤 11 继续使用文字工具输入相应文字，如图 2-98 所示。

图 2-98

步骤 12 选择制作完成的名片背景，执行菜单"效果"→"风格化"→"投影"命令，在打开的"投影"对话框中设置"模式"为"正片叠底"、"不透明度"为 30%、"X 位移"为 0.5mm、"Y 位移"为 0.5mm，"模糊"为 0.1mm，"颜色"为青灰色，如图 2-99 所示。设置完成后单击"确定"按钮，投影效果如图 2-100 所示。

图 2-99

图 2-100

步骤 13 使用同样的方法制作另一侧名片的投影，效果如图 2-101 所示。

图 2-101

平面设计小贴士

单色调的配色原则

单色调就是将相同色调的不同颜色搭配在一起形成的一种配色关系，通常这种配色是以一种基本色为主，通过颜色的明度、纯度变化求得协调关系的配色方案。在本案例中就是采用这样的配色方案，这种配色给人一种自然、和谐、统一的视觉感受。

2.4 商业案例：健身馆业务宣传名片设计

本案例是健身馆业务宣传名片设计项目。有关本案例的设计思路、配色方案、版面构图、同类作品欣赏以及项目实践的内容通过扫描右侧的二维码下载后进行学习。

2.5 优秀作品欣赏

第 3 章　招贴设计

　　招贴是日常生活中最为常见的广告信息传达方式之一，招贴的内容广泛丰富，既可以作为商业宣传，也可以作为公益用途，其艺术表现力独特、视觉冲击力强烈。本章主要从招贴的含义、常见类型、构成要素、创意手法和表现形式等方面来学习招贴设计。

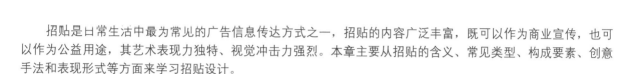

3.1　招贴设计概述

　　招贴设计是一种采用夸张或趣味性表现手法传播信息、吸引观者眼球的海报或宣传画。它以符合审美的角度进行视觉诱导，从而快速地传播信息，如图 3-1 所示。

图 3-1

3.1.1　认识招贴

　　招贴是一种用于传播信息的广告媒介形式，英文名称为 poster，意为张贴在大木板、墙上或车辆上的印刷广告，或以其他方式展示的印刷广告。据说在清朝时，有洋人载洋货于我国沿海停泊，并将 poster 张贴于码头沿街，以促销其船货。当地的市民称这种 poster 为海报并沿袭至今。招贴设计相比于其他设计而言，其内容更加广泛且更加丰富，艺术表现力独特，创意独特，视觉冲击力非常强烈。招贴主要扮演推销员的角色，代表了企业产品的宣传形象，可以提升竞争力并且极具审美价值和艺术价值，如图 3-2 所示。

图 3-2

　　最常见的招贴规格是对开及 4 开尺寸，近年来制成全开大小的招贴也有很多，其印刷方式大都采用平版印刷或丝网印刷。对开尺寸较适合一般场合张贴，如果是一般的杂货店或食品店，考虑招贴的面积，可选择 4 开、长 3 开或长 6 开尺寸，以利于张贴。

3.1.2 招贴的常见类型

　　社会公共招贴：例如社会公益、社会政治、社会活动招贴等用以宣传推广节日、活动、社会公众关注的热点或社会现象、政党、政府的某种观点、立场、态度等的招贴，属于非营利性宣传，如图 3-3 所示。

图 3-3

　　商业招贴：包括各类产品信息、企业形象和商业服务等，主要用于宣传产品而产生一定的经济效益，以营利为主要目的，如图 3-4 所示。

　　艺术招贴：主要是满足人类精神层次的需要，强调教育、欣赏、纪念，用于精神文化生活的宣传，包括文学艺术、科学技术、广播电视等招贴，如图 3-5 所示。

图 3-4

图 3-5

3.1.3 招贴的构成要素

　　图形：图形是世界性的视觉符号，一般分为具象型和抽象型。在招贴设计中，图形占主导地位且具有引导作用，将人的目光引向文字。进行招贴设计时，需要根据广告主题选用简洁明快的图形语言，以便于公众理解、记忆和传播，如图 3-6 所示。

　　文字：文字的使用能够直接快速地点明主题。在招贴设计中，文字的选用十分重要，应精简而独到地阐释设计主旨。字体的表现形式也非常重要，对于字体、字号的选用是十分严格的，不仅要突出设计理念，还要与画面风格匹配，形成协调的版面，如图 3-7 所示。

　　色彩：色彩是视觉感受中的重要元素，可以说色彩是一种表达情与意的手段。色彩的使用不仅会造成视觉上的冲击，更能影响观者的认知、联想、记忆，从而产生特定的心理暗示，潜移默化地传达招贴的宣传意图，如图 3-8 所示。

图 3-6

图 3-7

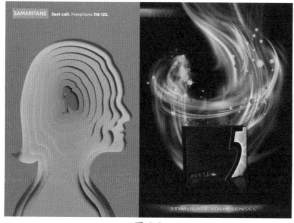

图 3-8

版面编排：版面编排是一个将图形、文字、色彩整理融合的过程。在满足画面整体统一的前提下，还要使画面富有设计感和审美价值，如图 3-9 所示。

图 3-9

3.1.4 招贴的创意手法

展示：展示是指直接将商品展示在观者的面前，具有直观性、深刻性。这是一种较为传统通俗的表现手法，如图 3-10 所示。

图 3-10

联想：联想是指由某一事物而想到另一事物，或是由某事物的部分相似点或相反点而与另一事物相联系。联想分为类似联想、接近联想、因果联想、对比联想等。在招贴设计中，联想法是最基本也是最重要的一个方法，通过联想事物的特征，并通过艺术的手段进行表现，使信息传达的委婉而具有趣味性，如图 3-11 所示。

比喻：比喻是将某一事物比作另一事物以表现主体的本质特征的方法。此方法间接地表现了作品的主题，具有一定的神秘性，充分地调动了观者的想象力，更加耐人寻味，如图 3-12 所示。

象征：象征是用某个具体的图形表达一种抽象的概念，用象征物去反映相似的事物从而表达一种情感。象征是一种间接的表达，强调一种意象，如图 3-13 所示。

图 3-11

图 3-14

图 3-12

图 3-15

幽默：幽默是运用某些修辞手法，以一种较为轻松的表达方式传达作品的主题，画面轻松愉悦，却又意味深长，如图 3-16 所示。

图 3-13

拟人：拟人是将动物、植物、自然物、建筑物等生物和非生物赋予人类的某种特征，将事物人格化，从而使整个画面形象生动。在招贴设计中，经常会用到拟人的表现手法，贴切人们的生活，不仅能吸引观者的目光，更能拉近观者内心的距离，更具亲近感，如图 3-14 所示。

夸张：夸张是依据事物原有的自然属性而进行进一步的强调和扩大，或通过改变事物的整体、局部特征更鲜明地强调或揭示事物的实质，而创造一种意想不到的视觉效果，如图 3-15 所示。

图 3-16

讽刺：讽刺是运用夸张、比喻等手法揭露人或事的缺点。讽刺有直讽和反讽两种类型，直讽手法直抒胸臆，鞭挞丑恶；而反讽的运用则更容易使主题的表达独具特色，更易打动观者的内心，如图 3-17 所示。

重复：重复是使某一事物反复出现，从而起到一定的强调作用，如图 3-18 所示。

图 3-17

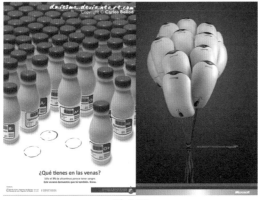

图 3-18

矛盾空间：矛盾空间是指在二维空间表现出一种三维空间的立体形态。其利用视点的转换和交替，表示一种模棱两可的画面，给人造成空间的混乱。矛盾空间是一种较为独特的表现手法，往往会使观者久久驻足观看，如图 3-19 所示。

图 3-19

3.1.5 招贴的表现形式

摄影：摄影是招贴最常见的一种表现形式，主要以具体的事物为主，如人物、动物、植物等。摄影表现形式的招贴多用于商业宣传。通过摄影获取图形要

素，然后进行后期的制作加工，这样的招贴更具有现实性、直观性，如图 3-20 所示。

图 3-20

绘画：在数字技术并不发达的年代，招贴往往需要通过在纸张上作画来实现。通过绘画所获得的图形元素更加具有创造性。绘画本身具有很高的艺术价值，在招贴设计中使用绘画的表现形式，是一种将设计与艺术完美相融的表现，如图 3-21 所示。

图 3-21

电脑设计：电脑设计所表现的图形元素更具原创性、独特性。既可以利用数字技术完成招贴画面的设计，也可以结合数码照片来实现创意的表达，是绝大多数招贴设计所采用的手段，如图 3-22 所示。

图 3-22

3.2 商业案例：品牌服装宣传海报设计

3.2.1 设计思路

▶ **案例类型**

本案例是一款女士服装品牌的商业海报设计项目。

▶ **项目诉求**

该服装品牌主要面向 25~35 岁的职场女性，旗下服饰主打造型无过多修饰的简洁、干练风格。此海报设计以服装展示为重点，着重突出品牌的简洁、大气、干练的调性。图 3-23 所示为可供参考的同类风格服饰。

图 3-23

▶ **设计定位**

如果用图形来定义女性，那么柔和、平滑的带有曲度的线条则是属于女性的。而职场中的女性并不仅具有温柔、包容的属性，更有理性、刚强、果敢的一面，就像是直线和尖角所具有的气质。本案例的主体图形是从一个圆形中切分而出的形态迥异的两部分图形，以此演绎职场女性的不同方面，如图 3-24 所示。

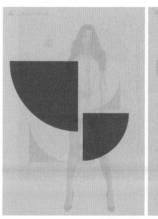

图 3-24

3.2.2 配色方案

为了更好显现品牌简洁、干练、大气、时尚的特征，本案例选用纯度偏低的青色搭配不同明度的米色。这种颜色搭配方式避免了高纯度颜色带来的视觉刺激感，同时尽显女性的优雅气质。

▶ 主色

绝大多数时候，暖色给人以女性化的感受，冷色则更加倾向于男性化。而本案例采用介于蓝色与绿色之间的饱和度稍低的青色作为主色，这种青色理性、智慧、从容且不似蓝色那般寒冷。不同明度的变化中，使得海报整体层次感十足，如图 3-25 所示。

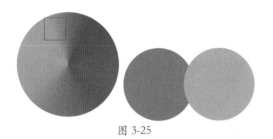

图 3-25

▶ 辅助色

由于海报中需要使用人物元素，而人物身着的服装及人物本身的色彩都是接近于皮肤的色彩，所以不同明度的肤色自然而然地就成为了画面的辅助色。该色彩与青色在色相环上大致处于对立的位置，但由于其具有较低的纯度，所以搭配在一起较为协调，如图 3-26 所示。

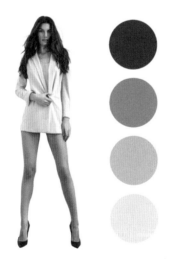

图 3-26

▶ 点缀色

明度和纯度偏低的土黄色，具有内敛、低调的色彩特征。将其作为点缀色，给人沉稳、成熟的印象，刚好与产品调性及宣传主题相吻合，如图 3-27 所示。

图 3-27

▶ 其他配色方案

暗调的紫红色既有女性之美，又有岁月沉淀的知性和智慧，以暗调为主的画面增添高贵之感，如图 3-28 所示。倾向灰调的蓝紫色与商务、职场定位较为符合，大面积的亮调蓝紫色为背景，抵消冷色调带来的沉闷感，如图 3-29 所示。

图 3-28   图 3-29

3.2.3 版面构图

本案例海报画面元素主要由图像和色块构成。在版面中间偏右位置摆放的人物是视觉焦点所在，直观地展示了产品。环绕在主体图像周围的色块，在前后错落摆放中增强了海报的节奏韵律感。文字的适当添加，在主次分明之间将信息直接传达，同时也让版面的细节变得更加丰富，如图 3-30 所示。

图 3-30

还可以采用分割型的构图方式，将背景沿对角线一分为二，让版面瞬间变得鲜活起来。在版面中间部位呈现的人物图像，一方面直观地表明了海报的宣传内容，另一方面增强了整体的视觉稳定性，如图 3-31 所示。

图 3-31

3.2.4 同类作品欣赏

3.2.5 项目实战

▶ 制作流程

本案例首先使用矩形工具和椭圆工具绘制图形，然后通过"路径查找器"面板得到所需图形。将图形进行应用，填充相应的颜色并更改混合模式，最后使用文字工具依次添加文字，如图 3-32 所示。

▶ 技术要点

☆ 通过"路径查找器"面板进行图形的运算。

☆ 通过"透明度"面板更改图形的混合模式。

图 3-32

▶ 操作步骤

1. 制作图形部分

步骤 01 执行菜单"文件"→"新建"命令或按快捷键 Ctrl+N，在弹出的"新建文档"对话框中选择"打印"选项卡，单击 A4 选项，然后单击"创建"按钮，既可创建一个 A4 大小的竖向空白文档，如图 3-33 所示。

图 3-33

步骤 02 接着选择工具箱中的矩形工具▇，在画面中按住鼠标左键拖动，绘制一个与画板等大的矩形，如图 3-34 所示。

图 3-34

步骤 03 选择工具箱中的选择工具 ▶，按住鼠标左键单击绘制的矩形，在控制栏中设置"填充"为白色、"描边"为无，如图 3-35 所示。

图 3-35

步骤 04 接着置入人物素材"1.png"。执行菜单"文件"→"置入"命令或使用快捷键 Shift+Ctrl+P，在弹出的"置入"对话框中单击需要置入的文件，取消勾选"链接"复选框，单击"置入"按钮，如图 3-36 所示。

图 3-36

步骤 05 在画面合适位置按住鼠标左键拖动，并放置在画面偏右侧的位置，如图 3-37 所示。

图 3-37

步骤 06 从案例效果中可以看出，在人物素材周围有四分之一圆和其他不规则图形作为装饰。这些图形使用钢笔工具虽然可以绘制，但是比较麻烦。因此我们可以将矩形和正圆进行重叠摆放，然后通过运用"路径查找器"面板中的"分割"按钮将图形进行分割，进而得到一个四分之一圆。首先选择工具箱中的椭圆工具 ○，在控制栏中设置"填充"为无、"描边"为黑色、"描边粗细"为 3pt，设置完成后在文档空白位置按住 Shift 键的同时，按住鼠标左键拖动绘制一个描边正圆，如图 3-38 所示。

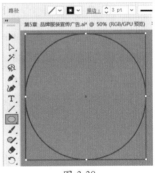

图 3-38

步骤 07 因为最终是要得到一个四分之一圆，因此需要借助参考线，确定绘制的正圆圆心。使用快捷键 Ctrl+R 调出标尺，然后在顶部标尺位置按住鼠标左键向下拖动到圆形一半的位置，得到横向的参考线。接着在左侧的标尺上按住鼠标左键向右侧拖动，得到垂直的参考线。两条参考线交叉区域为圆心的所在位置，如图 3-39 所示。

步骤 08 接着选择工具箱中的矩形工具 □，在控制栏中设置"填充"为无、"描边"为黑色、"描边粗细"为 3pt。设置完成后以参考线为基准，在正圆的上半部分按住鼠标左键并拖动绘制矩形。继续在右侧的合适位置绘制矩形，此时可以看到左下角的四分之一圆被独立出来，如图 3-40 所示。

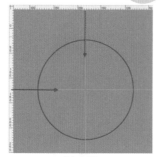

图 3-39

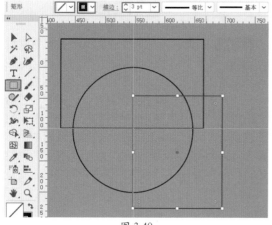

图 3-40

步骤 09 选择工具箱中的选择工具 ，框选三个图形，然后执行菜单"窗口"→"路径查找器"命令，在弹出的"路径查找器"面板中单击"减去顶层"按钮，如图 3-41 所示。

图 3-41

步骤 10 此时得到了四分之一的圆形，如图 3-42 所示。

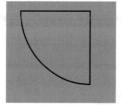

图 3-42

步骤 11 接下来制作另外一种不规则图形。首先

使用椭圆工具在画板外绘制一个正圆，如图 3-43 所示。

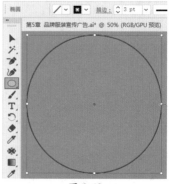

图 3-43

步骤 12 接着使用矩形工具在正圆外绘制一个外切正方形，如图 3-44 所示。

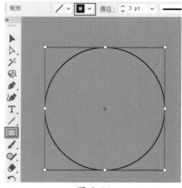

图 3-44

步骤 13 同时选中两个图形，在"路径查找器"面板中单击"分割"按钮，将图形进行分割，如图 3-45 所示。

图 3-45

步骤 14 然后通过执行"取消编组"命令，即可得到相应的图形，如图 3-46 所示。

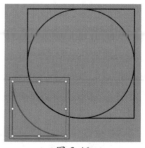

图 3-46

步骤 15 将四分之一圆选中，调整大小后放置在人物素材左侧位置，如图 3-47 所示。

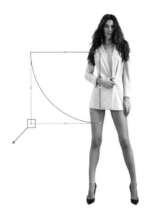

图 3-47

步骤 16 选中该图形，双击工具箱底部的填色按钮，在弹出的"拾色器"对话框中设置合适的颜色，然后单击"确定"按钮，如图 3-48 所示。

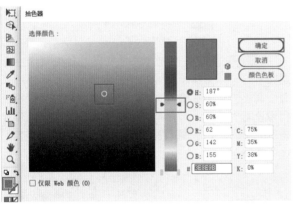

图 3-48

步骤 17 单击"描边"按钮，设置"描边"为无，如图 3-49 所示。

图 3-49

步骤 18 接着对青色四分之一圆的混合模式进行调整，使其将下方的素材显示出来。在图形选中状态下，执行菜单"窗口"→"透明度"命令，在弹出的"透明度"

面板中设置"混合模式"为"正片叠底"，如图 3-50 所示。

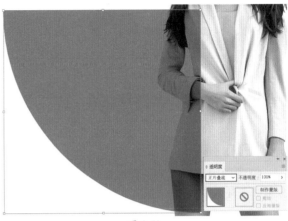

图 3-50

步骤 19 将青色的四分之一圆选中，右击，在弹出的快捷菜单中执行"变换"→"镜像"命令，如图 3-51 所示。

图 3-51

步骤 20 在弹出的"镜像"对话框中选中"垂直"单选按钮，设置"角度"为 90°，单击"复制"按钮，如图 3-52 所示。

图 3-52

步骤 21 设置完成后，即将原图进行复制的同时又进行了对称变换，如图 3-53 所示。

图 3-53

步骤 22 将复制得到的图形选中，适当缩小之后放置在已有图形的右下角位置，如图 3-54 所示。

图 3-54

步骤 23 接着使用同样的方式，将分割图形填充为不同颜色，调整大小后放置在文档中的合适位置，同时注意图层顺序的调整，以此来增强画面的层次感，如图 3-55 所示。

图 3-55

2. 制作标志及文字

步骤 01 使用矩形工具在人物腿部绘制一个土黄色的正方形，如图 3-56 所示。

图 3-56

步骤 02 然后复制之前制作的四分之一圆形，将其填充颜色设置为白色，调整大小并放在棕色正方形中心位置，如图 3-57 所示。

图 3-57

步骤 03 下面在文档中添加文字，首先制作主标题文字。选择工具箱中的文字工具 T，在左侧的四分之一圆上方单击并输入文字。选中文字，然后在控制栏中设置"填充"为白色、"描边"为无，同时设置合适的字体、字号，设置"对齐方式"为"右对齐"，如图 3-58 所示。

图 3-58

步骤 04 继续使用文字工具在画面中的合适位置输入文字。旋转到合适角度并摆放在合适的位置，如图 3-59 所示。

图 3-59

步骤 05 选择工具箱中的矩形工具▭，在控制栏中设置"填充"为黑色、"描边"为无。在文字之间绘制一条黑色的长条矩形作为分割线（该分割线也可以使用直线段工具绘制），如图 3-60 所示。

图 3-60

步骤 06 此时本案例制作完成，如图 3-61 所示。

图 3-61

3.3 商业案例：国风节日招贴设计

3.3.1 设计思路

▶ **案例类型**

本案例是一个以"中秋节"为主题的宣传招贴设计项目。

▶ **项目诉求**

该项目以"中秋节"为主题，通过招贴设计来营造节日团圆、欢快的视觉氛围，以及传达人们的美好祝愿，如图 3-62 所示。

图 3-62

▶ 设计定位

中秋节是中国传统节日，素来有"中秋月圆，人团圆"的说法，"喜庆""团圆""祥和""美好"自然就是招贴的基调。由于中秋节是中国的传统节日，因此选择具有代表性的剪纸、丝带、祥云、灯笼等传统文化符号。同时以红色为基调，可以更好地烘托节日的欢快氛围，如图 3-63 所示。

图 3-63

3.3.2 配色方案

为了展现中秋节的喜庆与欢乐，本案例将红色、金色、深蓝色进行搭配。偏低的明度给人以喜庆、古典的印象，是在冷暖色调对比下，能够使画面更具视觉冲击力。

▶ 主色

本案例采用暖色调的红色作为主色，将节日喜庆、欢乐、幸福的特征完美地表现出来。这种红色经常被应用于中式古建筑中，给人以吉庆且富有东方韵味的印象，同时也尽显招贴的古朴与稳重，如图 3-64 所示。

图 3-64

▶ 辅助色

如果整个画面都使用深红色，会使版面显得过于单调，因此我们选取蓝色作为辅助色。明度与纯度均偏低的蓝色，宁静且深邃，在与深红色的鲜明对比中增加了招贴的视觉吸引力，如图 3-65 所示。

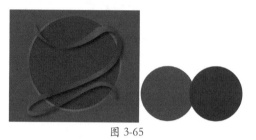

图 3-65

▶ 点缀色

为了提升节日的古典、传统氛围，为部分文字以及边框元素添加少量金色，让节日的欢快氛围变得更加浓厚，如图 3-66 所示。

图 3-66

除此之外，少量白色的点缀以较高的明度提升了信息识别度；浪漫的紫色让剪纸花朵具有较强层次的立体感；一抹青色的松树为整个招贴增加了些许的活力气息，如图 3-67 所示。

图 3-67

▶ 其他配色方案

也可以选择高明度的金色作为招贴背景的主色。将月光的颜色处理成更浓郁、更饱满的金色，渲染出中秋节热闹、吉庆的氛围，如图 3-68 所示。

还可以选择深沉、含蓄的深蓝色。在深蓝色的衬托下，红色与金色更显靓丽。需要注意的是在红、黄、蓝三原色的配色方式中，要注意颜色的比例及明度、纯度的差异，否则会使画面看起来非常"混乱"，如图 3-69 所示。

图 3-68

图 3-69

3.3.3 版面构图

招贴主要采用对称型的构图方式，将各种视觉元素自上而下进行顺序摆放，为受众阅读提供便利，展现中式对称之美。占据版面大部分面积的主题文字是视觉焦点所在，直接表明了招贴的宣传内容。画面最上方对称摆放的扁平化灯笼，营造了浓浓的节日气氛。在版面底部呈现的剪纸元素，增强了招贴的层次感，同时也填补了底部空缺，如图 3-70 所示。

图 3-70

招贴经常被应用在各种场地，除了竖版之外，横版也是被经常使用的。同款的横幅招贴也可沿用之前的对称式构图方式，只需调整各部分元素的大小比例即可，如图 3-71 所示。

图 3-71

3.3.4 同类作品欣赏

3.3.5 项目实战

▶ 制作流程

首先制作招贴的背景，然后通过椭圆工具和钢笔工具制作文字的底装饰图像，接着制作主题文字，最后添加图案装饰，如图 3-72 所示。

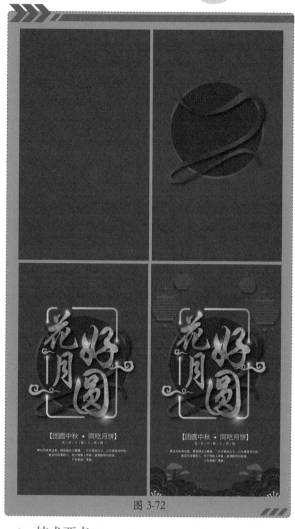

图 3-72

▶ **技术要点**

☆ 通过混合模式和剪切蒙版制作带有底纹的背景。

☆ 使用钢笔工具绘制彩带等装饰图形。

☆ 使用"投影"命令为图形和文字添加阴影，增加画面空间感。

▶ **操作步骤**

1. 制作背景

步骤01 首先新建一个大小合适的竖向空白文档，接着选择工具箱中的矩形工具 ▭，设置"填充"为红色、"描边"为无。绘制一个与画板等大的矩形，如图 3-73 所示。

步骤02 接着为背景矩形叠加一个底纹。将底纹素材"1.png"置入，调整大小并放置在背景矩形上方，如图 3-74 所示。

图 3-73

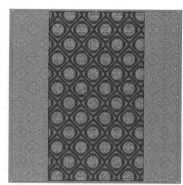

图 3-74

步骤03 置入的素材有多余部分，需要将其进行隐藏。使用矩形工具绘制一个与画板等大的矩形，如图 3-75 所示。

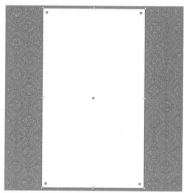

图 3-75

步骤04 将顶部矩形与底纹素材加选，使用快捷键 Ctrl+7 创建剪切蒙版，将素材不需要的部分隐藏，如图 3-76 所示。

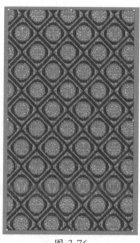

图 3-76

步骤05 底纹素材的不透明度过高，需要将其适当降低。将底纹素材选中，在控制栏中设置"不透明度"为 7%，如图 3-77 所示。

图 3-77

步骤06 接下来制作主题文字后方的背景。选择工具箱中的椭圆工具◯，随意设置填充和描边颜色，设置描边"粗细"为 8pt。在画面中间部位绘制正圆，如图 3-78 所示。

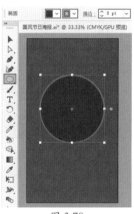

图 3-78

步骤07 接着将正圆描边设置为渐变色。将绘制的正圆选中，执行菜单"窗口"→"渐变"命令，在弹出的"渐变"面板中单击"描边"按钮，然后设置"类型"为"线性"、"角度"为 45°。设置完成后编辑一个红褐色系的渐变，如图 3-79 所示。

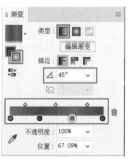

图 3-79

步骤08 图形效果如图 3-80 所示。

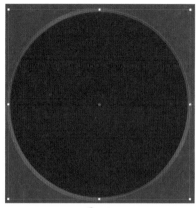

图 3-80

步骤09 将素材"2.ai"打开，选中图案部分，使用快捷键 Ctrl+C 进行复制，然后回到当前操作文档，使用快捷键 Ctrl+V 进行粘贴。使用选择工具将图案移动到正圆上方，如图 3-81 所示。

图 3-81

步骤10 将底部正圆原位复制一份并去除描边，接着通过调整图层顺序将其放置在图案上方。为了便于观察，将其填充色更改为白色，如图 3-82 所示。

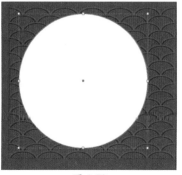

图 3-82

步骤11 将白色正圆和素材同时选中，使用快捷键 Ctrl+7 创建剪切蒙版，将不需要的部分隐藏，如图 3-83 所示。

图 3-83

步骤 12 此时正圆内部的底纹素材不透明度过高，需要适当降低。将素材选中，在控制栏中设置"不透明度"为30%，如图3-84所示。

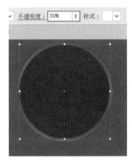

图 3-84

步骤 13 接下来制作正圆上方飘动的红丝带。选择工具箱中的钢笔工具 ，在控制栏中设置"填充"为无、"描边"为白色、"描边粗细"为3pt。在画面中绘制一个飘动丝带的大致轮廓（为了便于观察，这一步操作将颜色设置为白色。而且不要进行填充颜色的设置），如图3-85所示。

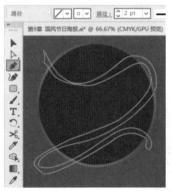

图 3-85

步骤 14 接着对绘制的丝带图形进行细节调整。选择工具箱中的直接选择工具 ，将图形左上角的锚点选中，单击控制栏中的"将所选锚点转换为平滑"按钮，将锚点由尖角转换为圆角，如图3-86所示。

步骤 15 在锚点选中状态下，拖动锚点两侧的控制手柄，对曲线形态进行调整，如图3-87所示。

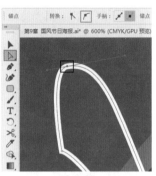

图 3-86

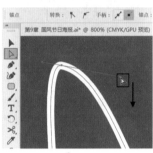

图 3-87

步骤 16 接着使用同样的方式，对丝带图形其他部位的细节进行调整，如图3-88所示。

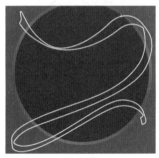

图 3-88

步骤 17 下面为绘制完成的丝带图形填充渐变色。在图形选中状态下，首先将白色的描边去除，接着执行菜单"窗口"→"渐变"命令，在弹出的"渐变"面板中设置"类型"为"线性"，"角度"为0°。设置完成后编辑一个红色系的渐变，如图3-89所示。

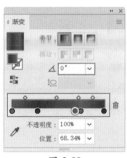

图 3-89

步骤18 图形效果如图 3-90 所示。

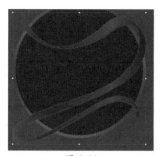

图 3-90

步骤19 接着为红丝带添加一个投影，增强整体视觉的立体感。将红丝带图形选中，执行菜单"效果"→"风格化"→"投影"命令，在弹出的"投影"对话框中设置"模式"为"正片叠底"、"不透明度"为 75%、"X 位移"为 2.47mm、"Y 位移"为 2.47mm、"模糊"为 2mm、"颜色"为黑色，单击"确定"按钮，如图 3-91 所示。

图 3-91

步骤20 设置完成后的图形效果如图 3-92 所示。

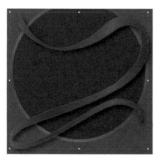

图 3-92

2. 制作主题文字

步骤01 下面制作主题文字。选择工具箱中的文字工具 T，在控制栏中设置"填充"为白色、"描边"为无，同时设置合适的字体、字号。设置完成后在红丝带左侧单击输入文字，如图 3-93 所示。

步骤02 接着为文字叠加一个金色的纹理。将金色纹理素材"3.jpg"置入，调整大小后放置在文字下层，如图 3-94 所示。

图 3-93

图 3-94

步骤03 接下来使用选择工具将文字和底部素材选中，使用快捷键 Ctrl+7 创建剪切蒙版，将素材不需要的部分隐藏，如图 3-95 所示。

图 3-95

步骤04 下面为文字添加投影。将文字选中，执行菜单"效果"→"风格化"→"投影"命令，在弹出的"投影"对话框中设置"模式"为"正片叠底"、"不透明度"为 75%、"X 位移"为 2.47mm、"Y 位移"为 2.47mm、"模糊"为 2mm、"颜色"为黑色，单击"确定"按钮，如图 3-96 所示。

图 3-96

步骤 05 设置完成后的文字效果如图 3-97 所示。

图 3-97

步骤 06 接下来使用同样的方式，制作另外三个文字效果，如图 3-98 所示。

图 3-98

步骤 07 下面在文字外围添加一个外框。选择工具箱中的圆角矩形工具 ▣，在控制栏中设置"填充"为无、"描边"为白色、"描边粗细"为 7pt。设置完成后在文字外围绘制边框，如图 3-99 所示。

图 3-99

步骤 08 接着为文字边框设置渐变色的描边。在矩形框选中状态下，执行菜单"窗口"→"渐变"命令，

在弹出的"渐变"面板中单击"描边"按钮，然后设置"类型"为"线性"、"角度"为 0°，编辑一个金色的渐变，如图 3-100 所示。

图 3-100

步骤 09 从案例效果中可以看到，文字边框的部分区域是缺失的，这样不仅可以让底部文字完整地呈现出来，同时可以给人很强的通透感。在文字边框选中状态下，选择工具箱中的剪刀工具 ✂，在矩形框上方单击，添加一个切分点，如图 3-101 所示。

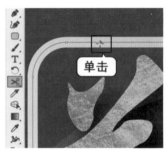

图 3-101

步骤 10 然后再次单击，继续添加切分点，如图 3-102 所示。

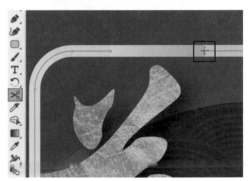

图 3-102

步骤 11 通过操作可以看到，添加的两个切分点之间是断开的。此时使用选择工具选中这部分，按 Delete 键删除即可，如图 3-103 所示。

步骤 12 继续使用剪刀工具对文字边框的其他部位进行线段的裁剪与删除，如图 3-104 所示。

图 3-103　　　　　　　图 3-104

图 3-107

步骤 13 下面在文字周围添加一些祥云图形，丰富画面效果。选择工具箱中的钢笔工具 ，设置"填充"为土黄色、"描边"为无。设置完成后，在文字"花"下方绘制一个祥云图形，如图 3-105 所示。

图 3-105

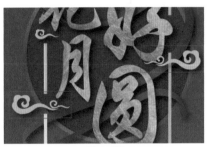

图 3-108

步骤 17 下面制作文字上方的黄色光晕效果。选择工具箱中的椭圆工具 ，在文字上方绘制一个正圆，如图 3-109 所示。

步骤 14 接着为绘制的祥云图形添加投影。在图形选中状态下，执行菜单"效果"→"风格化"→"投影"命令，在弹出的"投影"对话框中设置"模式"为"正片叠底"、"不透明度"为 75%、"X 位移"为 2.47mm、"Y位移"为 2.47mm、"模糊"为 2mm、"颜色"为黑色，单击"确定"按钮，如图 3-106 所示。

图 3-106

步骤 15 设置完成后的图形效果如图 3-107 所示。

步骤 16 复制绘制好的祥云图形，放置在合适位置并适当调整大小和方向，如图 3-108 所示。

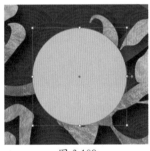

图 3-109

步骤 18 从案例效果中可以看出，光晕的外围是透明的，因此在选中正圆状态下，执行菜单"窗口"→"渐变"命令，在弹出的"渐变"面板中设置"类型"为"径向"，设置完成后编辑一个从黄色到透明的渐变，如图 3-110所示。

图 3-110

步骤 19 在选中光晕状态下，执行菜单"窗口"→"透明度"命令,在弹出的"透明度"对话框中设置"混合模式"为"滤色"(这一步操作的变化不是太大,需要仔细观察。或者将光晕放在深色背景下,即可看到相应的变化),如图3-111所示。

图 3-111

步骤 20 将制作完成的光晕复制若干份,进行位置与大小的调整,放置在画面中的合适位置,如图3-112所示。

图 3-112

步骤 21 将灯笼素材"4.png"置入,调整大小并放置在文档左上角,如图3-113所示。

图 3-113

步骤 22 下面制作灯笼的外发光效果。将灯笼素材选中,执行菜单"效果"→"风格化"→"外发光"命令,在弹出的"外发光"对话框中设置"模式"为"强光"、"不透明度"为71%、"模糊"为9mm,单击"确定"按钮。如图3-114所示。

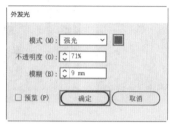

图 3-114

步骤 23 设置完成后的图形效果如图3-115所示。

图 3-115

步骤 24 将灯笼素材选中,右击,在弹出的快捷菜单中执行"变换"→"镜像"命令,在弹出的"镜像"对话框中,设置完成后选中"垂直"单选按钮,设置"角度"为90°,单击"复制"按钮,如图3-116所示。

图 3-116

步骤 25 设置完成后,将复制得到的图形放置在画面右侧,如图3-117所示。

图 3-117

3. 制作其他文字

步骤01 选择工具箱中的文字工具 T，在主题文字下方单击输入文字。选中文字，在控制栏中设置"填充"为白色、"描边"为无，同时设置合适的字体、字号，如图 3-118 所示。

图 3-118

步骤02 文字中间的空闲位置过大，可以通过添加几何图形等小元素来进行填充。选择工具箱中的矩形工具 □，在控制栏中设置"填充"为白色、"描边"为无，在文字中间部位绘制一个小正方形，如图 3-119 所示。

图 3-119

步骤03 将绘制的小正方形选中，将光标放在定界框一角，按住 Shift 键的同时按住鼠标左键拖动，将图形进行 45° 角旋转，如图 3-120 所示。

步骤04 继续使用文字工具在已有文字下方输入文字，如图 3-121 所示。

步骤05 文字间距过小，整体视觉效果不好，需要进行扩大。将输入的文字选中，执行菜单"窗口"→"文

字"→"字符"命令，在弹出的"字符"面板中设置"字符间距"为 500，如图 3-122 所示。

图 3-120

图 3-121

图 3-122

步骤06 继续使用文字工具在已有文字下方输入三行文字。选中文字并在控制栏中设置合适的颜色、字体以及字号，同时设置"对齐方式"为"居中对齐"，如图 3-123 所示。

图 3-123

步骤 07 将文字选中，在"字符"面板中设置"字符间距"为50，此时文字间距被扩大了一些，如图3-124所示。

图 3-124

4. 制作底部装饰图形

步骤 01 下面制作底部的花朵图形。选择工具箱中的钢笔工具 ，设置"填充"为紫色、"描边"为无。设置完成后在画面左下角绘制图形，如图3-125所示。

图 3-125

步骤 02 选择工具箱中的椭圆工具 ，设置"填充"为深红色、"描边"为无。设置完成后在紫色图形上方绘制一个椭圆，如图3-126所示。

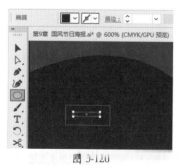

图 3-126

步骤 03 将绘制完成的椭圆适当旋转，放置在紫色图形的最左侧部位，如图3-127所示。

步骤 04 将绘制的椭圆形复制若干份，并对复制的图形进行大小与位置的调整。然后将所有椭圆选中，使用快捷键Ctrl+G进行编组，以备后面操作中使用，如图3-128所示。

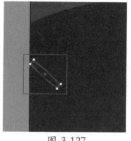

图 3-127　　　　　　　　图 3-128

步骤 05 将编组的椭圆形复制一份，放置在紫色图形的右侧，并进行适当的旋转，如图3-129所示。

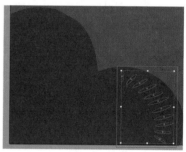

图 3-129

步骤 06 将绘制完成的花瓣图形复制一份，调整颜色后适当缩小，如图3-130所示。

图 3-130

步骤 07 接着使用同样的方式，制作另外两层花瓣图形，如图3-131所示。

图 3-131

步骤 08 接着制作花蕊部分。选择工具箱中的椭圆工具 ，在控制栏中设置"填充"为白色、"描边"为无。设置完成后绘制一个小椭圆，如图3-132所示。

图 3-132

步骤 09 选择工具箱中的直线段工具 ╱，在控制栏中设置"填充"为无、"描边"为白色、"描边粗细"为 2pt。设置完成后在白色正圆下方绘制一个垂直的直线段，如图 3-133 所示。

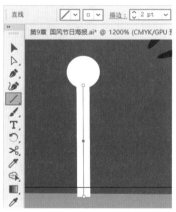

图 3-133

步骤 10 将两个部分进行编组，然后复制若干份，并对复制得到的直线段长短进行调整，同时进行不同角度的旋转。将制作完成的整个花朵图形全部选中，使用快捷键 Ctrl+G 进行编组，以备后面操作中使用，如图 3-134 所示。

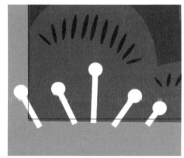

图 3-134

步骤 11 将编组的花朵图形复制多份，调整大小与旋转角度，放置在画面底部的不同位置，同时调整排列顺序，如图 3-135 所示。

图 3-135

步骤 12 下面制作花瓣图形后方的树木。首先绘制树木的枝干，选择工具箱中的钢笔工具 ✐，设置"填充"为褐色、"描边"为无。设置完成后在画面底部绘制图形，如图 3-136 所示。

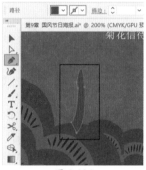

图 3-136

步骤 13 继续使用钢笔工具绘制左右两侧的枝干，如图 3-137 所示。

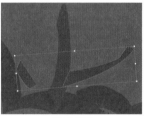

图 3-137

步骤 14 继续为钢笔工具设置合适的"填充"及"描边"颜色，"描边粗细"设置为 2pt。设置完成后在枝干顶部绘制树叶，如图 3-138 所示。

图 3-138

步骤15 将绘制完成的树叶复制三份，调整大小并放置在其他枝干部位，如图 3-139 所示。

图 3-139

步骤16 选中构成树的几个部分并进行编组，然后调整树的图层摆放顺序，将其放置在花朵图形后方，如图 3-140 所示。

图 3-140

步骤17 将制作完成的树选中，右击，在弹出的快捷菜单中执行"变换"→"镜像"命令，在弹出的"镜像"对话框中选中"垂直"单选按钮，设置"角度"为 90°，单击"复制"按钮，如图 3-141 所示。

图 3-141

步骤18 设置完成后，将复制得到的图形放置在相对应的右侧，如图 3-142 所示。

步骤19 此时本案例制作完成，但是有超出画板的部分，需要进行隐藏。选择工具箱中的矩形工具 ，绘制一个与画板等大的矩形，如图 3-143 所示。

步骤20 然后将所有图形全部选中，使用快捷键

Ctrl+7 创建剪切蒙版，将不需要的部分隐藏，如图 3-144 所示。

图 3-142

图 3-143　　　　　　　　图 3-144

步骤21 超出画板的部分，如果不使用创建剪切蒙版的方式进行隐藏，也可以执行菜单"文件"→"导出"→"导出为"命令，在"导出"对话框中勾选"使用画板"复选框，只导出画板内的图像，如图 3-145 所示。

图 3-145

3.4 商业案例：黑白格调电影宣传海报设计

本案例是黑白格调电影宣传海报设计项目。有关本案例的设计思路、配色方案、版面构图、同类作品欣赏以及项目实践的内容通过扫描右侧的二维码下载后进行学习。

3.5 优秀作品欣赏

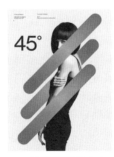

第 4 章　广告设计

广告是用来陈述和推广信息的一种方式。我们的生活中充斥着各类广告，广告的类型和数量也在日益增多。随着数量的增多，对于广告设计的要求也越来越高，要想成功吸引消费者的眼球也不再是一件易事，这也就要求我们在进行广告设计时必须了解和学习广告设计的相关内容。本章主要从广告的定义、广告的常见类型、广告的版面编排以及广告设计的原则等方面来学习广告设计。

4.1　广告设计概述

广告设计是一种现代艺术设计方式，在视觉传达设计中占有重要地位。现代广告设计的发展已经从静态的平面广告发展为动态广告，并以多种多样的形式融入我们的生活中。一个好的广告设计能有效地传播信息，而达到超乎想象的反馈效果。

4.1.1　什么是广告

广告，从表面上理解即广而告之。广告设计是通过图像、文字、色彩、版面、图形等元素进行平面艺术创意而实现广告目的和意图的一种设计活动和过程。在现代商业社会中，广告可以用来宣传企业形象、兜售企业产品及服务和传播某种信息，通过广告的宣传作用，可以增加产品的附加价值，促进产品的消费，从而产生一定的经济效益，如图 4-1 所示。

图 4-1

4.1.2　广告的常见类型

随着市场竞争日益激烈，如何使自己的产品从众多同类商品中脱颖而出一直是商家的难题，利用广告进行宣传自然成为一个很好的途径。这也就促使了广告业迅速发展，广告的类型也趋向多样化，常见类型主要有平面广告、户外广告、影视广告、媒体广告等。

1. 平面广告

平面广告主要是以一种静态的形态呈现，包含图形、文字、色彩等诸多要素。其表现形式也是多种多样，有绘画的、摄影的、拼贴的等。平面广告多为纸质版，刊载的信息有限，但具有随意性，可进行大批量的生产。具体来说，平面广告包含报纸杂志广告、DM 单广告、POP 广告、企业宣传册广告、招贴广告、书籍广告等类型。

（1）报纸杂志广告通常占据其载体的一小部分，与报纸杂志一同销售，一般适用于展销、展览、劳务、庆祝、航运、通知、招聘等。报纸杂志的内容杂，广告费用较为实惠，具有一定的经济性、持续性，如图 4-2 所示。

图 4-4

（4）企业宣传册广告一般适用于企业产品、服务及整体品牌形象的宣传。其内容以企业品牌整体为主，具有一定的针对性、完整性，如图 4-5 所示。

图 4-5

（5）招贴广告是一种集艺术与设计为一体的广告形式，其表现形式更富有创意和审美性。它所带来的不仅仅是经济效益，对于消费者的精神文化需求也有一定的满足，如图 4-6 所示。

图 4-2

（2）DM 单广告是直接向消费者传达信息的一种通道，广告主可以根据个人意愿选择广告内容。DM 单广告可通过邮寄、传真、柜台散发、专人送达、来函索取等方式发放，具有一定的针对性、灵活性和及时性，如图 4-3 所示。

图 4-3

（3）POP 广告通常置于购买场所的内部空间、零售商店的周围、商品陈设物附近等地。POP 广告多用水性马克笔或油性麦克笔和各颜色的专用纸制作，其制作方式、所用材料多种多样，而且手绘 POP 广告更具有亲和力，制作成本也较为低廉，如图 4-4 所示。

图 4-6

2. 户外广告

户外广告主要投放在交通流量较高、较为公众的室外场地。户外广告既有纸质版也有非纸质版，具体来说包含灯箱广告、霓虹灯广告、单立柱广告、车身广告、场地广告、路牌广告等类型。

（1）灯箱广告主要用于企业宣传，一般放在建筑物的外墙、楼顶、裙楼等位置，白天为彩色广告牌、晚上亮灯则使用内打灯向外发光。经过照明后，广告的视觉效果更加强烈，如图4-7所示。

图 4-7

（2）霓虹灯广告是利用不同颜色的霓虹管制成的文字或图案，夜间呈现一种闪动灯光模式，动感而耀眼，如图4-8所示。

图 4-8

（3）单立柱广告置于某些支撑物之上，如立柱式 T 型或 P 型装置，具有一定的稳定性和持续性，如图4-9所示。

图 4-9

（4）车身广告置于公交车或专用汽车两侧，传播方式具有一定的流动性，传播区域较广，如图4-10所示。

图 4-10

（5）场地广告是指置于地铁、火车站、机场等地点内的各种广告，常在扶梯、通道、车厢等位置，如图4-11所示。

图 4-11

（6）路牌广告主要置于公路或交通要道两侧，近年来还出现了一种新型画面可切换路牌广告。路牌广告形式多样、立体感较强、画面十分醒目，能够更快地吸引眼球，如图4-12所示。

图 4-12

3. 影视广告

影视广告是一种以叙事的形式进行宣传的广告形式。其吸收了各种形式的特点，如音乐、电影、文学艺术等，使得作品更富感染力和号召力，主要包括电影广告和动画广告，如图 4-13 所示。

图 4-13

4. 媒体广告

媒体广告是使用某种媒介为宣传手段的方式，既包括传统的四大传播方式，也包括新兴的互联网形式。

互联网广告是指利用网络发放的广告，有弹出式、文本链接式、直接阅览室、邮件式、点击式等多种方式，如图 4-14 所示。

图 4-14

电视广告是一种以电视为媒介的传播信息的形式，时间长短依内容而定，其具有一定的独占性和广泛性，如图 4-15 所示。

广播广告一般置于商店和商场内，持续的时段较短，但实效性和反馈性较快。

电话广告是一种以电话为媒介传播信息的形式，有拨号、短信、语音等方式，具有一定的主动性、直接性、实时性。

图 4-15

4.1.3　广告的版面编排

广告的版面编排就是将图形、文字、色彩等各种要素和谐地安排在同一版面上，形成一个完整的画面，将内容传达给受众。不同的诉求效果需要不同的构图，以下是一些常见的版面编排方式。

满版型：自上而下或自左而右进行内容的排布，整个画面饱满丰富，如图 4-16 所示。

图 4-16

图 4-16（续）

重心型：视觉焦点聚集在画面的中心，是一种稳定的编排方式，如图 4-17 所示。

图 4-17

分割型：分割型分为左右分割和上下分割、对称分割和非对称分割，如图 4-18 所示。

图 4-18

图 4-18（续）

倾斜型：插图或文字倾斜编排，使画面具有动感，或者营造一种不稳定的氛围，如图 4-19 所示。

图 4-19

4.1.4 广告设计的原则

现代广告设计的原则是根据广告的本质、特征、目的所提出的根本性、指导性的准则和观点，主要包括可读性原则、形象性原则、真实性原则和关联性原则。

可读性原则：无论多好的广告，都要让受众清楚地了解其主要表现的是什么。所以广告必须要具有普遍的可读性，准确地传达信息后才能投放市场、投向公众。

形象性原则：一个平淡无奇的广告是无法打动消费者的，只有运用一定的艺术手法渲染和塑造产品形象，才能使产品在众多的广告中脱颖而出。

真实性原则：真实是广告最基本的原则。只有真实地表现产品或服务特质才能吸引消费者，其中不仅要保证宣传内容的真实性，还要保证以真实的广告形象表现产品。

关联性原则：不同的商品适用于不同的公众，所以要在确定和了解受众的审美情趣之下，进行相关的广告设计。

4.2 商业案例：旅行社促销活动广告设计

4.2.1 设计思路

▶ 案例类型

本案例为热带海岛旅行项目制作进行宣传推广的平面广告。

▶ 项目诉求

马尔代夫是坐落在印度洋上的一个岛国，属于南亚；马尔代夫的岛大部分都是珊瑚岛，它是世界上最大的珊瑚岛国。所以广告的整体风格要突出海岛景色特点，突出马尔代夫最美的海水、沙滩、珊瑚岛，还有优美的自然风光，如图4-20所示。

图 4-20

▶ 设计定位

根据热带海岛旅行的特征，画面的基本构成元素应包含海水、沙滩以及代表热带气候的椰树。采用卡通化的矢量图形方式进行展示，色调明快，图形简单直观，使消费者被美丽的广告画面吸引的同时，能够驻足观看其中的宣传文字，如图4-21所示。

图 4-21

4.2.2 配色方案

马尔代夫的碧水蓝天是给游客留下的基本印象，

所以本案例采用天空与水的颜色搭配沙滩与椰树的色彩,完美诠释马尔代夫的自然之美。

▶ 主色

在大自然中,蓝色是天空和海水的颜色,浅蓝色可以给人一种阳光、自由的感觉,深蓝色可以带给人广阔安静的享受,所以本案例选择不同明暗的蓝色作为主色,交替搭配,营造出一种丰富的视觉效果,如图 4-22 所示。

图 4-22

▶ 辅助色

黄色代表沙滩,也代表着明媚的阳光。黄色可以让人的眼前清晰明亮,也可以使人产生对美好生活的向往,如图 4-23 所示。

图 4-23

▶ 点缀色

以代表生命、生机的绿色和代表热情、喜悦的红色作为点缀色,可丰富画面的色感。红色、黄色和蓝色均属于三原色,为了避免搭配在一起反差过大,可以将这三种颜色的饱和度适当降低、明度适当升高,以低反差的方式进行搭配,如图 4-24 所示。

图 4-24

▶ 其他配色方案

将绿色作为画面的主色也未尝不可,鲜嫩的草绿搭配淡雅的浅绿,正是春夏时节最美的颜色,如图 4-25 所示。黄、绿两色是典型的邻近色,画面只包含这两种颜色会更加和谐,如图 4-26 所示。

图 4-25　　　　　图 4-26

4.2.3 版面构图

广告的版式属于典型的向心型重心构图。向心型设计是将视线从四周聚拢到一点,也就是画面中心的部分。消费者在观看广告的时候,会被画面中心的文字信息所吸引,如图 4-27 所示。广告的背景选择了一种放射状图形,使画面更具有延展性,如图 4-28 所示。

图 4-27　　　　　图 4-28

位于画面中心的文字为白色,在大面积纯色的画面中更显突出。为了强化字体的视觉冲击力,可以采用较粗的字体，例如超粗黑简体等，如图 4-29 所示。除此之外，选择一些手写体、艺术体等趣味感较强的字体也是可以的，如图 4-30 所示。

图 4-29　　　　　　图 4-30

4.2.4 同类作品欣赏

4.2.5 项目实战

▶ 制作流程

首先使用矩形工具搭配钢笔工具绘制背景，然后使用椭圆工具绘制主体圆形，使用矩形工具配合变换工具制作出水面。接着使用钢笔工具绘制白云、椰树、沙滩等图形，再使用文字工具输入文字信息，最后置入素材，如图 4-31 所示。

图 4-31

▶ 技术要点

☆ 使用椭圆工具绘制圆形并添加内发光效果。

☆ 使用变形工具对绘制的矩形进行变形。

▶ 操作步骤

步骤 01 执行菜单"文件"→"新建"命令，在弹出的"新建文档"对话框中单击顶部的"打印"按钮，然后选择 A4 尺寸，接着单击"横向"按钮，单击"创建"按钮完成操作，参数设置如图 4-32 所示。接着选择工具箱中的矩形工具 □，设置"填充"为淡蓝色、"描边"为无，绘制一个与画板等大的矩形，如图 4-33 所示。

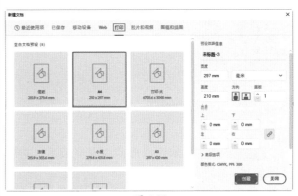

图 4-32

图 4-33

步骤 02 接下来制作放射状背景。选择工具箱中的钢笔工具 ✍，在控制栏中设置"填充"为更浅一些的蓝色、"描边"为无，然后绘制图形，如图 4-34 所示。继续在画面中绘制多个不规则图形，制作出放射状效果，如图 4-35 所示。

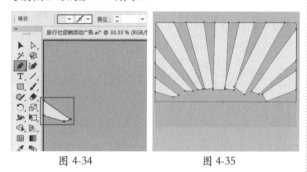

图 4-34   图 4-35

步骤 03 选择工具箱中的椭圆工具 ◯，设置"填充"为黄色、"描边"为白色、"描边粗细"为 5pt，然后按住 Shift 键的同时绘制一个正圆，如图 4-36 所示。

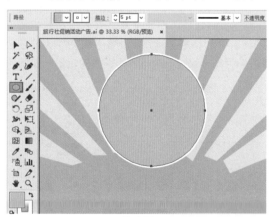

图 4-36

步骤 04 接下来制作圆形的内发光效果。选择正圆形状，然后执行菜单"效果"→"风格化"→"内发光"命令，在弹出的"内发光"对话框中设置"模式"为"正常"、"颜色"为白色、"不透明度"为 100%、"模糊"为 10mm，选中"边缘"单选

按钮，如图 4-37 所示。设置完成后单击"确定"按钮，此时正圆效果如图 4-38 所示。

步骤 05 接着利用变形工具 ▣ 制作不规则的图形。首先使用矩形工具在画面的下方绘制一个白色的矩形，如图 4-39 所示。选择该矩形，单击工具箱中的"变形工具"按钮 ▣，在白色的矩形上拖曳将其变形，如图 4-40 所示。继续进行拖曳，制作出曲线的海面效果，如图 4-41 所示。

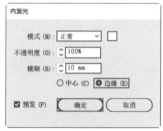

图 4-37   图 4-38

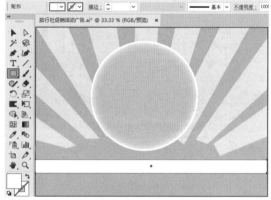

图 4-39

图 4-40

图 4-41

变形工具的设置

双击工具箱中的"变形工具"按钮 ，，在打开的"变形工具选项"对话框中可以对笔尖的"宽度""高度"以及"角度"等参数进行调整，如图4-42所示。

图 4-42

步骤06 用同样的方法制作另一条曲线，并将其填充为淡蓝色，效果如图 4-43 所示。

图 4-43

步骤07 接着使用钢笔工具绘制图形。选择工具箱中的钢笔工具 ，，在画面中绘制图形，然后设置其"填充"为淡橘黄色、"描边"为无，如图 4-44 所示。接着选择该图形，多次执行菜单"对象"→"排列"→"后移一层"命令，将图形移动到圆形后侧，如图 4-45所示。

步骤08 接下来绘制椰树。使用钢笔工具绘制椰树的树冠并将其填充为绿色，如图 4-46 所示。接着使用钢笔工具绘制树干，将其填充为褐色并移动到树冠的后方，效果如图 4-47 所示。

图 4-44

图 4-45

图 4-46

图 4-47

步骤09 将树冠和树干加选，使用快捷键 Ctrl+G进行编组，然后将椰树复制、粘贴、缩放并移动到合适位置，如图 4-48 所示。

步骤10 接下来为画面添加云朵。使用钢笔工具绘制出云朵形状并将其填充为白色，如图 4-49 所示。接着使用复制（快捷键为 Ctrl+C）、粘贴（快捷键为Ctrl+V）功能制作出多个云朵，并移动到画面中的相应位置，如图 4-50 所示。

图 4-48

图 4-49

图 4-50

步骤11 接下来制作标题文字。首先使用钢笔工具绘制相应的图形，如图 4-51 所示。

图 4-51

步骤12 选择工具箱中的文字工具 T，设置"填充"为白色、"描边"为橘黄色、"描边粗细"为 2pt，设置合适的字体、字号，在相应位置输入文字，如图 4-52 所示。将文字进行旋转，如图 4-53 所示。

步骤13 接着选择文字，执行菜单"文字"→"创建轮廓"命令，将文字转换为图形。执行菜单"效

果"→"风格化"→"投影"命令，在弹出的"投影"对话框中设置"模式"为"正片叠底"、"不透明度"为 60%、"X 位移"为 0，"Y 位移"为 0、"模糊"为 0.8mm、"颜色"为黑色，参数设置如图 4-54 所示。设置完成后单击"确定"按钮，效果如图 4-55 所示。

图 4-52

图 4-53

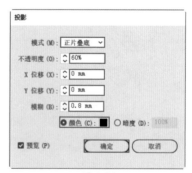

图 4-54

图 4-55

平面设计小贴士

倾斜版面的优点

本案例中的文字采用倾斜的排列方式，这样的版面设计能够营造出动感，给人一种活跃、不稳定的感受，通常应用在比较活泼、年轻或悬疑主题的设计中，如图 4-56 和图 4-57 所示。

图 4-56

图 4-57

步骤 14 继续使用文字工具输入文字，然后进行旋转变换，效果如图 4-58 所示。最后打开素材 "1.ai"，将文档内的图形选中，执行菜单 "编辑"→"复制"命令，然后回到本文档中执行菜单 "编辑→粘贴"命令进行粘贴，最终效果如图 4-59 所示。

图 4-58

图 4-59

4.3 商业案例：游戏手柄新品宣传广告设计

4.3.1 设计思路

▶ 案例类型

本案例是一款游戏手柄新品宣传的广告设计项目。

▶ 项目诉求

本产品为某品牌的新款游戏手柄，相对于市场上的同类产品来说，其外观更具科技感、造型更符合人体工程学，性能更为强劲，售价更为低廉，能够给用户带去舒适、流畅的使用体验。在进行设计时，要着重凸显产品的特性，如图 4-60 所示。

图 4-60

▶ 设计定位

本案例整体倾向于展示产品炫酷的外观以及较高的性价比，因此在设计上从产品图像、文字、色彩三方面着手。图像方面，将产品图像作为展示主图，具有更强的视觉冲击力，更引人注目。文字方面，将表现产品特征的文字以较大字号进行呈现，让受众对产品有进一步了解，特别是粗体的使用，凸显了产品的力量感与控制性。色彩方面，以明度偏低的暗色调为主，以此来凸显游戏手柄的科技性与炫酷感。

4.3.2 配色方案

根据产品特性，本案例选择明度较低的墨蓝色作为主色调，以此来增强版面的炫酷感与科技性。为了缓解深色的压抑与枯燥，使用明度偏高的白色与灰蓝色进行辅助；同时使用少量绿色与橙色进行点缀，增强版面层次感。

▶ 主色

本产品的主要受众为青年男性。为迎合这类消费者的喜好，本案例使用了与夜空相似的低明度的墨蓝色作为主色，营造了炫酷、科技、力量的氛围。特别是在背景中，使用两侧暗、中间亮的渐变将视线吸引到画面的中心，如图 4-61 所示。

图 4-61

▶ 辅助色

为了中和深色背景的压抑与沉重，我们使用白色和灰蓝色作为辅助色。高明度的白色在画面中十分醒目，为信息传达提供便利。明度适中的灰蓝色，与深色背景相结合，让广告具有较强的层次感，如图 4-62 所示。

图 4-62

▶ 点缀色

明度和纯度适中的绿色与橙色，具有鲜活、积极的色彩特征。将其作为点缀色，为广告增添了一些活力，如图 4-63 所示。

图 4-63

▶ 其他配色方案

也可以选择中明度的蓝色作为广告主色。蓝色往往给人以科技感，点缀橙色与绿色，在凸显产品性能的同时还可以营造出一种活力之感，如图 4-64 所示。

红色与橙色的搭配往往给人以刺激的视觉感受，这与电子游戏带给人的体验有相似之处。但使用大面积背景的红色时，需要适当降低明度，如图 4-65 所示。

图 4-64　　　　　　　　图 4-65

4.3.3 版面构图

广告采用中轴型的构图方式，将图像、文字等对象以画面中轴线为基准，自上而下垂直摆放在画面中，非常方便受众阅读。产品图像与主标题文字以较大面积在版面上半部分呈现，是视觉焦点所在。而在版面下半部分呈现的文字，具有补充说明与丰富细节的双重作用，如图 4-66 所示。

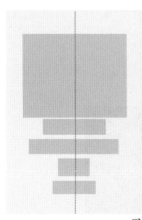 

图 4-66

除了竖版广告外，横版也是经常被使用的。图 4-67 所示的广告整体上采用左右分割的构图方式，将产品图像和主标题文字在版面左侧呈现，十分醒目。而其他产品信息以右对齐的方式摆放在画面右侧，在主次

分明中增强了版面的节奏韵律感。

图 4-67

4.3.4 同类作品欣赏

4.3.5 项目实战

▶ 制作流程

本案例首先制作渐变色背景和带有底纹的标题文字，接着添加产品和文字信息，最后制作版面底部带有纹理的按钮。竖版构图的广告制作好以后，再通过调整各部分的位置及大小，将广告更改为横版，如图 4-68 所示。

图 4-68

▶ 技术要点

☆ 使用文字工具添加版面中的文字。
☆ 通过剪切蒙版隐藏多余内容制作带有底纹的按钮
☆ 使用画笔工具绘制墨迹纹理

▶ 操作步骤

1. 制作竖版广告

步骤01 首先新建一个 A4 大小的竖向空白文档。接着选择工具箱中的矩形工具 ▢，绘制一个与画板等大的矩形，如图 4-69 所示。

图 4-69

步骤02 接下来为绘制的背景矩形填充渐变色，丰富视觉效果。在矩形选中状态下，执行菜单"窗口"→"渐变"命令，在弹出的"渐变"面板中设置"类型"为"径向"，设置完成后编辑一个墨蓝色系的渐变，如图 4-70 所示。

图 4-70

步骤03 此时渐变效果如图 4-71 所示。

图 4-71

步骤 04 下面在文档中添加主标题文字。选择工具箱中的文字工具 **T**，在渐变矩形顶部单击添加文字。选中文字，在控制栏中设置"填充"为蓝灰色、"描边"为无，同时设置合适的字体、字号，如图 4-72 所示。

图 4-72

步骤 05 接着对文字宽度进行调整。将文字选中，执行菜单"窗口"→"文字"→"字符"命令，在弹出的"字符"面板中设置"水平缩放"为 110%（这一步是对文字进行微调，变化不是太明显，在操作时需要根据实际使用的字体效果进行调整），如图 4-73 所示。

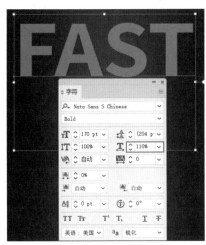

图 4-73

步骤 06 下面在字母 F 和 A 上方叠加一个渐变矩形，丰富文字的视觉效果。选择工具箱中的矩形工具 **□**，在字母 F 和 A 上方绘制图形，如图 4-74 所示。

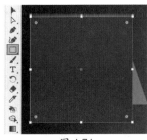

图 4-74

步骤 07 接着为绘制的矩形填充渐变色。将矩形选中，在弹出的"渐变"面板中设置"类型"为"线性"、"角度"为 0°，设置完成后编辑一个灰蓝色系渐变，如图 4-75 所示。

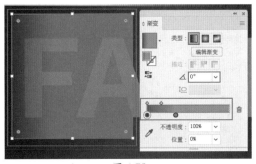

图 4-75

步骤 08 接下来需要对渐变矩形设置合适的混合模式，使其与底部文字融为一体。将渐变矩形选中，执行菜单"窗口"→"透明度"命令，在弹出的"透明度"面板口中设置"混合模式"为"变暗"，如图 4-76 所示。

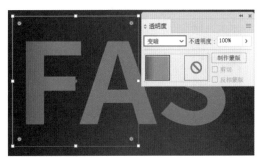

图 4-76

步骤 09 下面在输入的主标题文字上方添加油墨喷溅斑点，丰富细节效果。选择工具箱中的画笔工具 **✐**，在控制栏中设置"填充"为无、"描边"为深灰色、"描边粗细"为 0.5pt。设置完成后执行菜单"窗口"→"画笔库"→"艺术效果"→"艺术效果 - 油墨"命令，在弹出的"艺术效果 - 油墨"面板中选择合适的画笔样式，如图 4-77 所示。

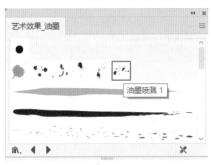

图 4-77

步骤10 接着在使用画笔工具的状态下，在字母F底部按住鼠标左键拖动，如图4-78所示。

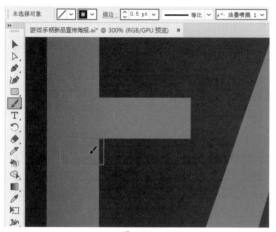

图 4-78

步骤11 释放鼠标即可得到相应的油墨喷溅效果，如图4-79所示。

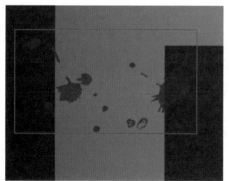

图 4-79

步骤12 继续使用画笔工具在主标题文字上方添加油墨喷溅效果（添加油墨喷溅是为了丰富整体细节效果，使其不至于过于单调。在进行制作时，不需要完全与案例效果相同，只要与整体格调一致、具有视觉美感即可），如图4-80所示。

图 4-80

步骤13 接下来在主标题文字上方添加小文字。选择工具箱中的文字工具 **T**，在主标题文字上方输入文字。将文字选中，并在控制栏中设置"填充"为绿色、"描边"为绿色、"描边粗细"为1pt，同时设置合适的字体、字号，如图4-81所示。

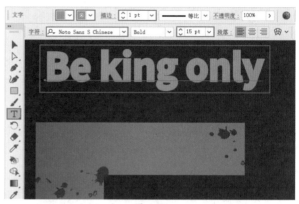

图 4-81

步骤14 接着需要对输入的绿色文字字母形态进行调整。将绿色文字选中，执行菜单"窗口"→"文字"→"字符"命令，在弹出的"字符"面板中单击"全部大写字母"按钮，将文字字母全部调整为大写形式，如图4-82所示。

图 4-82

步骤15 下面在文档中添加游戏手柄素材。将素材"1.png"置入，调整大小后放在主标题文字下方位置，如图4-83所示。

图 4-83

步骤16 在游戏手柄素材下方输入文字，然后在控制栏中设置"填充"为白色、"描边"为无，同时设置合适的字体、字号，设置"对齐方式"为"居中对齐"，如图 4-84 所示。

图 4-84

步骤 17 接下来将英文字母调整为大写形式。使用文字工具将第二行选中，然后在打开的"字符"面板中单击"全部大写字母"按钮，将英文字母全部调整为大写形式，如图 4-85 所示。

图 4-85

步骤 18 下面将数字"1987"字号调小一些。继续使用文字工具将数字选中，在控制栏中设置合适的字号，如图 4-86 所示。

图 4-86

步骤 19 接着在已有文字下方继续输入文字，在控制栏中设置合适的填充颜色、字体、字号以及对齐方式，如图 4-87 所示。

图 4-87

步骤 20 接下来制作底部文字下层的矩形。选择工具箱中的矩形工具，在控制栏中设置"填充"为棕色、"描边"为无。设置完成后在画板底部绘制矩形，如图 4-88 所示。

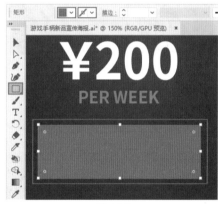

图 4-88

步骤 21 下面在棕色矩形上方添加文字。选择工具箱中的文字工具，在矩形上输入文字。将文字选中，然后在控制栏中设置"填充"为白色、"描边"为无，同时设置合适的字体、字号，如图 4-89 所示。

图 4-89

步骤 22 通过操作，添加的文字有超出棕色矩形的部分，需要进行隐藏处理。使用矩形工具在白色文字上绘制一个与棕色矩形等大的图形，如图 4-90 所示。

图 4-90

步骤 23 接着将顶部矩形和底部文字选中，使用快捷键 Ctrl+7 创建剪切蒙版，将多余的部分隐藏，如图 4-91 所示。

图 4-91

步骤 24 将文字选中，在控制栏中设置"不透明度"为 20%，如图 4-92 所示。

图 4-92

步骤 25 继续使用文字工具在棕色矩形上输入文字。然后选中文字，在控制栏中设置"填充"为白色、"描边"为无，同时设置合适的字体、字号，如图 4-93 所示。

图 4-93

步骤 26 将白色文字选中，在打开的"字符"面板中单击"全部大写字母"按钮，将字母全部调整为大写形式，如图 4-94 所示。

图 4-94

步骤 27 竖版广告制作完成，效果如图 4-95 所示。

图 4-95

2. 制作横版广告

步骤 01 下面制作横版广告。选择工具箱中的画板工具，在控制栏中单击"新建"画板按钮，在画面中单击即可得到一个等大的画板，如图 4-96 所示。

图 4-96

步骤 02 单击"横向"按钮,设置"宽"为 420mm、"高"为 210mm,此时新建的画板尺寸发生了变化,如图 4-97 所示。

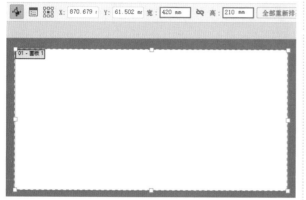

图 4-97

步骤 03 由于横版广告的内容与书版广告内容完全相同,所以只需要将之前制作好的内容逐个复制到当前画板中并进行位置及大小的调整即可。首先选择原始广告中的背景,使用快捷键 Ctrl+C 进行复制,然后使用快捷键 Ctrl+V 粘贴到第二个画板中,如图 4-98 所示。

图 4-98

步骤 04 由于原始背景与新的广告尺寸不同,所以需要对背景矩形进行大小的调整。使用选择工具将光标定位到矩形边框处,按住鼠标左键拖动,使之与画板尺寸相匹配,如图 4-99 所示。

图 4-99

步骤 05 接着将主体文字与产品复制到当前画板中,摆放在左侧的位置,并适当放大,如图 4-100 所示。

图 4-100

步骤 06 将下半部分的文字全部复制并摆放在新画板的右侧,如图 4-101 所示。

图 4-101

步骤 07 选中上方两组文字,在控制栏中设置字符的对齐方式为"右对齐",如图 4-102 所示。

图 4-102

步骤 08 适当收缩这两组文字的大小,并摆放在右侧合适的位置,如图 4-103 所示。

图 4-103

步骤 09 接下来调整下方的几组文字位置,使之与上方两组文字右侧边缘对齐,如图 4-104 所示。

图 4-104

步骤 10 到这里横版广告制作完成,效果如图 4-105 所示。

图 4-105

步骤 11 此时文档中包含两个画板,执行菜单"文件"→"导出"→"导出为"命令,设置一个合适的导出位置,设置保存类型为"JPEG(*.JPG)",勾选"使用画板"复选框,选中"全部"单选按钮,单击"导出"按钮,如图 4-106 所示。

图 4-106

步骤 12 随后两个画板中的广告都被自动导出,如图 4-107 所示。

游戏手柄新品宣传海报-01.jpg　　　游戏手柄新品宣传海报-02.jpg

图 4-107

4.4 商业案例:儿童艺术教育培训机构广告设计

本案例是儿童艺术教育培训机构广告设计项目。有关本案例的设计思路、配色方案、版面构图、同类作品欣赏以及项目实践的内容通过扫描右侧的二维码下载后进行学习。

4.5 优秀作品欣赏

第5章　画册样本设计

虽然我们已进入电子时代，但画册对我们生活的影响仍不可替代。画册是企业对客户的一种承诺和保证的体现，由于其是纸质印刷品，具有不可更改性，所以能够给我们带来一定的稳定感和安全感。本章主要从画册样本的含义、画册样本的分类、画册样本的开本等方面来学习画册样本设计。

5.1　画册样本设计概述

画册样本设计就是设计师依据客户的需要，将企业的文化背景、市场推广策略等内容合理安排在画册里面，从而宣传企业的产品和服务。设计师的工作就是通过图形、文字、色彩等组合，形成一本和谐、统一，又富有创意和形式美感的精美画册。一本好的画册设计能使企业在众多的竞争公司中脱颖而出，树立良好的企业形象，吸引大量潜在客户。

5.1.1　认识画册样本

画册是一个用来反映商品、服务和形象信息等内容的广告媒体，其对象可以是企业或者个人。画册主要起宣传作用，它全面地展示了企业或个人的文化、风格、理念，宣传了产品或企业形象，可以为企业增加一定的附加价值。画册的内容通常包括企业的文化、发展、管理等一系列概况，或产品的外形、尺寸、材质、型号等。客户可以通过翻阅画册加深对企业或产品的了解和认知，如图5-1所示。

图 5-1

画册样本除了常规的书装类型外，还有单页和多折页形式。单页一般正面是产品广告，背面是产品介绍。单页画册的设计要求较高，需在有限的空间内表现繁多的内容，如图5-2所示。

多折页一般依据内容来确定折页数量，如两折页、三折页、四折页等。多折页的设计感更强，能够添加更多的特殊工艺（如模切）来突出折页的独特性，如图5-3所示。

图 5-2

图 5-3

5.1.2　画册样本的分类

画册样本种类繁多，其分类也多种多样。按行业，可以划分为企业画册、学校画册、医院画册、药品画册、医疗器械画册、食品画册、招商画册、服装画册等。

企业画册：包括企业产品、形象、宣传等方面的画册。企业产品画册主要是从企业推销的当季产品特征出发确定采用何种表现形式。企业形象画册则更加注重与整体形象的统一，以加深消费者对企业的了解和印象。企业宣传画册则会根据用途，如展会宣传、终端宣传、新闻发布会宣传等采取相应的表现形式，如图5-4所示。

图 5-4

学校画册：学校画册通常包括校庆、学校招生及毕业留念册等方面的画册设计。校庆画册主要为突出喜庆和纪念的概念。学校招生画册则要突出学校的优点及相关的文化背景，要吸引学生的关注，如图5-5所示。

图 5-5

医院画册：医院画册主要以宣传医院服务和医院技术为目的。整体风格要以健康、安全、稳重为主，给予受众信任感，如图5-6所示。

图 5-6

药品画册：药品画册的主要消费人群为医院和药店，既要依据消费对象确定不同风格，又要依据不同药品种类做出相应的调整，如图5-7所示。

图 5-7

医疗器械画册：医疗器械画册主要从医疗器材的

特点出发，从其功能和优点方面着手传达信息给消费者，如图5-8所示。

图 5-8

食品画册：食品画册主要从食品所能带来的视觉、味觉、嗅觉方面的特性出发诱发消费者的食欲，进而消费，如图5-9所示。

图 5-9

招商画册：一般根据招商对象和招商内容确定风格，内容比较多样，如图5-10所示。

图 5-10

服装画册：主要依据服装的风格和不同档次的消费者进行风格的确定，如图5-11所示。

图 5-11

5.1.3 画册样本的常见开本

画册样本主要有横开本、竖开本两种方式。其尺寸并不固定，依需要而定，常见标准尺寸为210mm×285mm。正方形尺寸一般为6开、12开、20开、24开，如图5-12、图5-13和图5-14所示。

图 5-12

图 5-13

图 5-14

5.2 商业案例：企业宣传画册设计

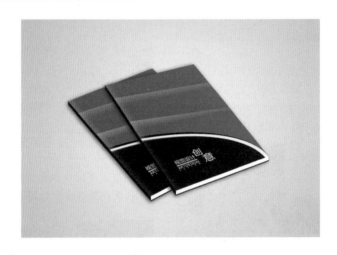

5.2.1 设计思路

▶ 案例类型

本案例是为企业设计宣传画册。

▶ 项目诉求

作为企业的宣传画册，外观要美观大方，这样不仅能够展示企业形象，还可以给人留下深刻印象。画册封面要给人以沉稳并具有力量的感觉，如图 5-15 所示。

图 5-15

▶ 设计定位

宣传画册以企业文化、企业产品为传播内容，是企业对外最直接、最形象、最有效的宣传方式。所以根据要求，本案例画册整体要保持简单的布局，"力量感"方面则可以通过颜色的搭配来展现，如图 5-16 所示。

图 5-16

5.2.2 配色方案

为了展现"力量感"，本案例的色彩选择红色和黑色的经典搭配。为了避免过于单调，在红色区域添加部分橙色作为装饰。

▶ 主色

在配色中，红色和黑色是很经典又很有吸引力的搭配，红色是火焰、力量的象征，给人热情、奔放的感觉，运用在企业宣传画册的封面上可以增加感染力，如图 5-17 所示。

图 5-17

▶ 辅助色

红与黑向来都是经典的颜色搭配方式，黑色有品质、庄严、正式的含义，与红色搭配在一起可以减少红色带来的过多狂躁之感，增加画面的稳重气质，如图 5-18 所示。

图 5-18

▶ 点缀色

红与黑的搭配是经典的搭配，但是大面积地填充均匀颜色不免会造成呆板感，所以本案例在红色区域中点缀了橙色，在红色的映衬下橙色显得积极而有活力。红橙两色正是火焰的色彩，可以有效地调和画面的单调感，如图 5-19 所示。

图 5-19

▶ 其他配色方案

延续纯色搭配的配色方案，可以将画册封面大面积的主色区域进行更换。蓝色是商务画册常用的一种颜色，如图 5-20 所示。也可以尝试使用明艳的黄色，积极进取中更带有希望之感，如图 5-21 所示。

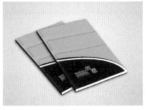
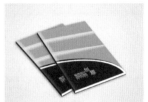

图 5-20　　　　　　　　　图 5-21

5.2.3 版面构图

画册封面的整体属于典型的分割型构图方式，使用圆润的弧线将版面进行切分，如图 5-22 所示。分割后的两个部分分别呈现出凹陷感和膨胀感，如图 5-23 所示。上半部分的图形呈现出凹陷感，所以采用带有膨胀感的暖色进行填充以起到调和作用。下半部分的图形由于带有向外扩张的弧度，所以呈现出膨胀感，可以用具有收缩感的黑色进行填充。以此实现上下两个部分体量均衡的效果，如图 5-24 所示。

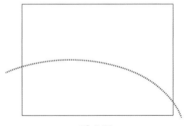

图 5-22

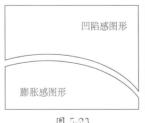

图 5-23　　　　　　　　　图 5-24

为产生一种灵动的视觉效果，下方半圆的版面使用线条进行过渡，均匀又富有层次感。画册的段落文字排版上，主要使用了左对齐的排列方式，左对齐的排列方式符合读者的阅读习惯，是最常见的排版方式，如图 5-25 所示。除此之外，画册封底部分的文字也可以使用居中对齐的方式，如图 5-26 所示。

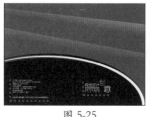

图 5-25　　　　　　　图 5-26

5.2.4 同类作品欣赏

5.2.5 项目实战

▶ 制作流程

首先使用矩形工具绘制矩形作为画册背景色，使用钢笔工具绘制装饰元素，接着使用椭圆工具与"路径查找器"面板制作画册封面下半部分的图形，最后使用文字工具输入文字，如图 5-27 所示。

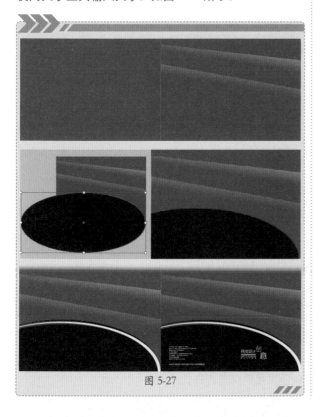

图 5-27

▶ 技术要点

☆ 使用"渐变"面板编辑合适的渐变颜色。
☆ 使用"路径查找器"面板制作分割版面。
☆ 使用"投影"效果为画册添加投影。

▶ 操作步骤

1. 制作封面平面图

步骤 01 执行菜单"文件"→"新建"命令，在弹出的"新建文档"对话框中单击顶部的"打印"按钮，接着单击 A4 尺寸，然后设置"方向"为横向，最后单击"创建"按钮完成操作，参数设置如图 5-28 所示。选择工具箱中的矩形工具 □，在控制栏中设置"填充"为红色、"描边"为无，然后绘制一个与画板等大的矩形，如图 5-29 所示。

步骤 02 选择工具箱中的钢笔工具 ✎，在画面中绘制一个多边形，如图 5-30 所示。选择该多边形，执行菜单"窗口"→"渐变"命令，在打开的"渐变"面板中设置"类型"为"线性"，编辑一个由透明到橘黄色的渐变颜色，如图 5-31 所示。单击渐变色块，将渐变填充赋予多边形，接着使用渐变工具 ■ 调整渐变的角度，效果如图 5-32 所示。

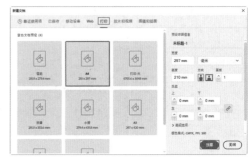

图 5-28

图 5-29　　　　　　　图 5-30

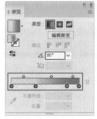

图 5-31

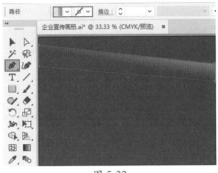

图 5-32

面板中单击"交集"按钮□，如图 5-37 所示。将得到的图形填充为黑色，效果如图 5-38 所示。

图 5-35　　　　图 5-36

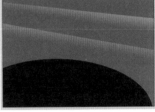

图 5-37　　　　图 5-38

步骤 06 接下来制作半圆边缘的装饰图形。首先将黑色的半圆图形复制一份放置在画板外，并将其"填充"设置为无，"描边"设置为任意颜色，如图 5-39 所示。接着将这个形状复制一份并向下移动，如图 5-40 所示。

软件操作小贴士

如何设置渐变滑块的不透明度

选中需要编辑的滑块，在"不透明度"选项中设置相应的参数即可调整其不透明度，如图 5-33 所示。

图 5-33

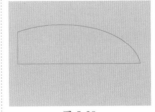
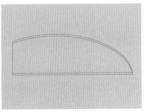

图 5-39　　　　图 5-40

步骤 03 选择橘黄色的图形，按住 Shift+Alt 键并向下拖动，进行平移复制，效果如图 5-34 所示。

图 5-34

步骤 07 接着将这两个形状加选，单击"路径查找器"面板中的"减去顶层形状"按钮□，随即可以得到一个弧形边框，如图 5-41 所示。将该形状填充为白色，"描边"设置为无，然后移动到合适位置，如图 5-42 所示。

步骤 04 选择工具箱中的椭圆工具○，设置"填充"为黑色，然后在画面的下方绘制一个椭圆形，如图 5-35 所示。接着绘制一个与画板等大的矩形，如图 5-36 所示。

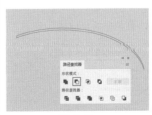
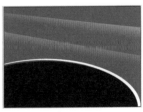

图 5-41　　　　图 5-42

步骤 05 将矩形和黑色正圆加选，执行菜单"窗口"→"路径查找器"命令，在弹出的"路径查找器"

步骤 08 使用同样的方法制作另一条黑色的弧线，效果如图 5-43 所示。

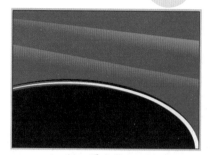

图 5-43

步骤 09 接下来为画册添加文字。选择工具箱中的文字工具 T，在控制栏中选择合适的字体以及字号，设置"填充"为白色，"对齐方式"为"左对齐"，输入文字，如图 5-44 所示。同样使用文字工具，设置不同的文字属性，继续为画册添加文字，并放置在合适的位置，如图 5-45 所示。

图 5-44

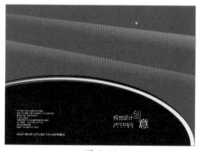

图 5-45

步骤 10 接着使用直线段工具绘制分割线。选择工具箱中的直线段工具 ∕，在控制栏中设置"填充"为无、"描边"为白色、"描边粗细"为 3pt，然后在文字与字母之间绘制与文字等长的线条，效果如图 5-46 所示。此时封面制作完成，效果如图 5-47 所示。

图 5-46   图 5-47

2. 制作展示效果

步骤 01 首先将封面框选后使用快捷键 Ctrl+G 进行编组。接着选择工具箱中的画板工具 ⊡，在画面中新建"画板 2"，如图 5-48 所示。

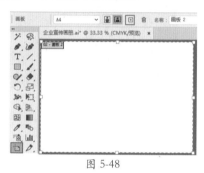

图 5-48

步骤 02 使用矩形工具在"画板 2"中绘制一个与画板等大的矩形，然后为该矩形填充一个灰色系的渐变颜色，如图 5-49 所示。效果如图 5-50 所示。

图 5-49   图 5-50

步骤 03 将封面复制一份，放置在"画板 2"中并进行适当的缩放，如图 5-51 所示。使用矩形工具在封面的右侧绘制一个矩形，如图 5-52 所示。

图 5-51

步骤 04 将矩形和封面加选，执行菜单"对象"→"剪切蒙版"→"建立"命令，建立剪切蒙版，效果如图 5-53 所示。选择封面，执行菜单"文字"→"创建轮廓"命令，将文字创建轮廓。

步骤 05 选择封面，然后选择工具箱中的自由变换工具 ⊞ 中的自由扭曲工具 ⊡，拖曳控制点对封面进行变形，如图 5-54 所示。

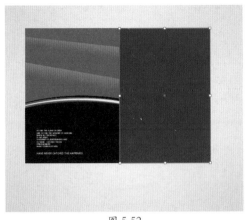

图 5-52

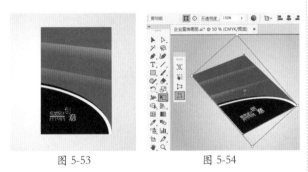

图 5-53　　　　　　　图 5-54

步骤 06 接下来制作画册的厚度。选择工具箱中的"钢笔工具" ，在控制栏中设置"填充"颜色为黑色，然后在画册的左侧绘制图形，如图 5-55 所示。使用同样的方法绘制右下角的其他图形，制作出画册的厚度，如图 5-56 所示。

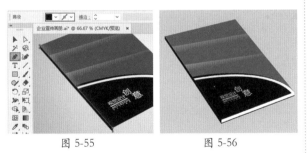

图 5-55　　　　　　　图 5-56

步骤 07 接下来制作封面上的光泽感。首先使用钢笔工具绘制一个与封面图形一样的图形；接着打开"渐变"面板，编辑一个由半透明白色到透明的渐变，如图 5-57 所示。填充完成后，使用渐变工具对渐变角度进行调整，此时封面效果如图 5-58 所示。

步骤 08 将画册进行编组，然后执行菜单"效果"→"风格化"→"投影"命令，在打开的"投影"对话框中设置"模式"为"正片叠底"、"不透明度"为 75%、"X 位移"为 −1mm、"Y 位移"为 1mm、"模糊"

为 1.8mm、"颜色"设置为黑色，参数设置如图 5-59 所示。设置完成后单击"确定"按钮，效果如图 5-60 所示。

图 5-57　　　　　　　图 5-58

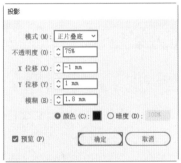

图 5-59

图 5-60

步骤 09 接着将画册复制一份并调整位置，效果如图 5-61 所示。

图 5-61

平面设计小贴士

同色系颜色的选择

在本案例中以红色作为背景颜色，以橘黄色作为点缀色。为什么不选择同色系中的正黄色或橘红色？因为正红色与正黄色的对比效果太过强烈，作为一款相对简约的封面，这样的配色太过跳跃。而正红色与橘红色对比较弱，在原本色彩比较少的情况下，很难吸引人的注意。选择橘黄色作为点缀色，既有颜色对比产生的活泼、跳跃、灵动之感，又不失稳重和沉着，如图 5-62 所示。

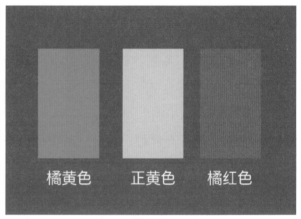

图 5-62

5.3 商业案例：艺术品画册内页设计

5.3.1 设计思路

▶ **案例类型**

本案例是为西方当代艺术品博览会设计的宣传画册。

▶ **项目诉求**

艺术品博览会的参展作品包括西方当代艺术家创作的绘画、书法、雕塑、工艺美术作品等，作品有着独特的艺术价值，所以画册的设计要体现艺术品的文化特征，如图 5-63 所示。

图 5-63

▶ **设计定位**

当代艺术既是对早期艺术的总结，又是对未来艺术的展望，所以画册版面力图展示"由过去走向未来"这种意向，画册内页的背景图选择了西方古建筑的局部，并以偏暗的色调进行展现，如图 5-64 所示。

图 5-64

5.3.2 配色方案

对于观者而言，大量而高纯度的颜色会使人产生暴躁之感，而降低明度和纯度的蓝色和红色，以高级灰的色调出现，则会给人以沉稳、大气的感觉。

▶ 主色

本案例的主色选择深沉稳重的灰蓝色，灰蓝色在空间上具有一定的"后退感"，作为背景内容可以营造出一种"从过去走来"的意境，如图 5-65 所示。

图 5-65

▶ 辅助色

红色通常给人以活力、激情之感。但红色与蓝色本身是反差相当大的两种颜色，直接搭配在一起很难产生和谐之感，如图 5-66 所示。而一旦将这两种颜色的纯度和明度降低，两种颜色皆呈现出接近高级灰的效果，沉稳中不乏色彩的协调性，如图 5-67 所示。而且从色彩的空间感来说，蓝色本身就有"后退感"，而红色则具有"前进感"，使用暗红色作为前景区域的底色也比较合适。

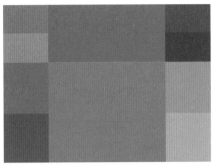

图 5-66

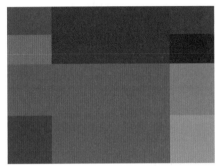

图 5-67

▶ 点缀色

画面中主色与辅助色反差较大，再添加其他颜色很容易导致画面杂乱无章，如图 5-68 所示。所以最适合的点缀色莫过于无彩色——黑和白，如图 5-69 所示。

图 5-68

图 5-69

▶ 其他配色方案

可以将画册的明度对比加强，增强作品明度后，整体颜色非常抢眼，给人以激进之感，如图 5-70 所示。也可以将画册中的辅助色红色更换为与主色紧邻的绿色，这样的搭配也比较和谐统一，如图 5-71 所示。

图 5-70

图 5-71

5.3.3 版面构图

版面中的左右对页实际上采用的是不同的构图方式。左侧页面采用中心型构图，标题内容居中摆放在页面中央。右侧页面则采用分割式构图，页面被分割为上下两个部分，文字信息位于页面的下半部分。为了使对页展开时内容更具有连贯性，设计不仅使用一张连续的图片作为背景，更通过不规则的几何图形作为标题文字和正文文字的衬底，将两个页面中的内容有机地结合在一起，如图 5-72 所示。

图 5-72

图 5-72（续）

分割式构图是画册内页比较常用的版式，例如用半透明的黑色矩形将版面分割为上中下三个部分，主体文字信息位于中间的暗色矩形中，如图 5-73 所示。也可以采用倾斜分割的方式，在左上和右下两个较大的区域中放置文字信息，如图 5-74 所示。

图 5-73

图 5-74

5.3.4 同类作品欣赏

5.3.5 项目实战

▶ 制作流程

首先使用矩形工具绘制画册底色，然后置入图片并与底色进行混合形成背景图；接着使用钢笔工具绘制文字底部的图形；最后使用文字工具输入文字，如图 5-75 所示。

图 5-75

▶ 技术要点

☆ 设置混合模式制作背景图。
☆ 使用文字工具制作段落文字。
☆ 使用钢笔工具绘制不规则图形。

▶ 操作步骤

步骤 01 执行菜单"文件"→"新建"命令，在弹出的"新建文档"对话框中单击窗口顶部的"打印"按钮，接着单击 A4 尺寸，然后设置"方向"为横向，参数设置如图 5-76 所示。单击"创建"按钮完成操作，效果如图 5-77 所示。

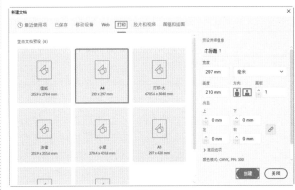

图 5-76

图 5-77

步骤 02 选择工具箱中的矩形工具 □，设置"填充"为灰色、"描边"为无。接着在画面中按住鼠标左键拖曳绘制一个与画板等大的矩形，如图 5-78 所示。

图 5-78

步骤 03 继续使用矩形工具，设置"填充"为青灰色、"描边"为无，然后在画面中单击，在弹出的"矩形"对话框中设置"宽度"为 215mm、"高度"为 152mm，如图 5-79 所示。设置完成后单击"确定"按钮，矩形效果如图 5-80 所示。

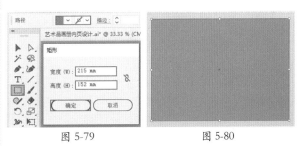

图 5-79　　　　　　　　　图 5-80

步骤04 选择矩形，执行菜单"效果"→"风格化"→"投影"命令，在"投影"对话框中设置"模式"为"正片叠底"、"不透明度"为75%、"X位移"为-1mm、"Y位移"为1mm、"模糊"为1.8mm，"颜色"设置为黑色，单击"确定"按钮，如图5-81所示。效果如图5-82所示。

步骤05 执行菜单"文件"→"置入"命令，置入素材"1.jpg"，单击控制栏中的"嵌入"按钮。调整素材的位置，如图5-83所示。选择该图片，单击控制栏中的"不透明度"按钮，在下拉面板中设置"混合模式"为"颜色加深"，图片效果如图5-84所示。

图 5-81

图 5-82

图 5-83

图 5-84

步骤06 在图像上方绘制一个与青灰色矩形等大的矩形，如图5-85所示。然后将矩形和图像加选，执行菜单"对象"→"剪切蒙版"→"建立"命令，多余的部分就被隐藏了，效果如图5-86所示。

图 5-85　　　　　　　　图 5-86

步骤07 选择工具箱中的钢笔工具 ✐.，绘制一个不规则图形，并填充为红色，如图5-87所示。继续绘制一个黑色的形状，如图5-88所示。

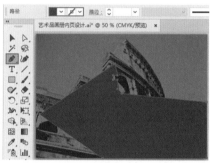

图 5-87

图 5-88

步骤08 接下来为画面添加主体文字。选择工具箱中的文字工具 T.，在控制栏中设置"填充"为白色、"描边"为无，选择合适的字体以及字号，在黑色不规则图形上单击，并输入文字，如图5-89所示。使用同样的方法在红色区域继续为画面添加一组文字，如图5-90所示。

图 5-89　　　　　　　　图 5-90

步骤09 接着输入段落文字。首先选择文字工具，在控制栏中设置合适的字体、字号，然后在画面中按住鼠标左键拖曳绘制文本框，如图5-91所示。接着在文本框内输入文字，如图5-92所示。

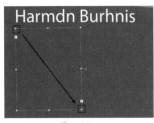

图 5-91　　　　　　　　　图 5-92

步骤 10 使用文字工具选中部分文字，并在控制栏中设置填充颜色为黑色，如图 5-93 所示。使用同样的方式，制作另一处文字，如图 5-94 所示。

图 5-93　　　　　　　　　图 5-94

步骤 11 将文本框及段落文字加选，逆时针进行旋转，如图 5-95 所示。

图 5-95

步骤 12 接着制作内页的折叠效果。首先使用矩形工具在版面的右侧绘制一个矩形，接着选择该矩形，执行菜单"窗口"→"渐变"命令，在打开的"渐变"面板中设置"类型"为"线性"，编辑一个浅灰色的渐变，如图 5-96 所示。此时填充效果如图 5-97 所示。

图 5-96　　　　　　　　　图 5-97

步骤 13 继续选择该矩形，设置其"混合模式"为"正片叠底"，效果如图 5-98 所示。

图 5-98

软件操作小贴士

文本的串接与释放

在进行包含大量正文文字版面的排版时，可以将多个文本框进行串接。如果想要进行串接，首先将需要创建的文本框选中，执行菜单"文字"→"串接文本"→"建立"命令，即可建立文本串接。选中串接的文本，执行菜单"文字"→"串接文本"→"移去串接文字"命令，即可取消文本的串接。

平面设计小贴士

视觉引导线

视觉引导线在版式中是一条看不见但却非常关键的导向线，它直指中心内容。因为它可以引导视线去关注设计主题，成为贯穿版面的主线，版式中的编排元素应以视觉引导线为中心依信息级别向左右或上下展开。本案例采用了倾斜的视觉引导线。当我们看到这个版面时，首先注意到的是标题文字，接着目光会顺着红色的色块向文本处移动。

5.4 商业案例：景区宣传三折页广告设计

本案例是景区宣传三折页广告设计项目。有关本案例的设计思路、配色方案、版面构图、同类作品欣赏以及项目实践的内容通过扫描右侧的二维码下载后进行学习。

5.5 优秀作品欣赏

第 6 章　书籍与杂志设计

随着社会的不断发展，现代书籍设计进入了多元化的发展时代。但无论社会怎样发展，对于书籍、杂志设计的基本知识还是需要掌握的。本章主要从书籍与杂志的含义、书籍的装订形式、书籍与杂志的构成元素、书籍设计与杂志设计的异同等方面来学习书籍杂志设计。

6.1　书籍、杂志设计概述

随着数字技术的普及，传播知识信息的方式越来越多，但书籍的作用仍然是无可替代的。一本好的书籍不仅可以用来传播信息，还具有一定的收藏价值，如图 6-1 所示。

图 6-1

6.1.1　认识书籍与杂志

书籍是一种将图形、文字、符号集合成册，用以传达著作人的思想、经验或者某些技能的物体，是存储和传播知识的重要工具，如图 6-2 所示。杂志是以期、卷、号或年月为序定期或不定期出版的发行物，其内容涉及广泛，类似于报纸，但相比于报纸杂志更具有审美性和丰富性，如图 6-3 所示。

图 6-2　　　　　　　图 6-3

虽然书籍设计与杂志设计都是用于承载信息、知识等，但二者还是有明显的区别，下面来了解一下书籍与杂志的异同。

相同点在于：书籍与杂志都是用来记录和传播知识信息的载体。在装订形式上有很多共同点，通常都会使用平装、精简装、活页装、蝴蝶装等方式。且内容版式也很相似，都是图形、文字、色彩的编排，风格依据主题而定，如图6-4所示。

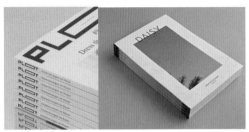

图 6-4

不同点在于：杂志属于书籍的一种。杂志有固定的刊名，是定期或不定期连续出版的，其内容是将众多作者的作品汇集成册，涉及面较广，但使用周期较短，如图6-5所示。书籍的内容更具专一性、详尽性，其发行间隔周期较长，且使用价值和收藏价值更高。书籍在形式上也更为丰富，除了常规的书籍形式外，还有一些创意手工书等，如图6-6所示。

图 6-5

图 6-6

6.1.2 书籍的装订形式

自古以来，书籍就因为使用材料和使用技术的不同，其装订形式也不一样。从成书的形式上看，主要分为平装、精装和特殊装订方式。

平装：是近现代书籍普遍采用的一种书籍形态，它沿用并保留了传统书的主要特征。装订方式采用平订、骑马订、无线胶订、锁线胶装。

平订即将印好的书页折页或配贴成册，在订口用铁丝钉牢，再包上封面，制作简单，双数、单数页都可以装订，如图6-7所示。

图 6-7

骑马订是将印好的书页和封面，在折页中间用铁丝钉牢，制作简便、速度快，但牢固性弱，适合双数和页数少的书籍装订，如图6-8所示。

图 6-8

无线胶订是指不用线而用胶将书芯粘在一起，再包上封面，如图6-9所示。

图 6-9

精装：一种印制精美、不易折损、易于保存的精致华丽的装帧形态，主要应用于经典名著、专著、工具书、画册等。其结构与平装的主要区别是硬质的封面或外层加护封、函套等。精装的书脊有圆脊、平脊、软脊三种类型。

圆脊是指书脊成月牙状，略带一点弧线，有一定的厚度感，更加饱满，如图 6-10 所示。

图 6-10

平脊是用硬纸板做书籍的里衬，整个形态更加平整，如图 6-11 所示。

图 6-11

软脊是指书脊是软的，随着书的开合，书脊也可以随之折弯，相对来说阅读时翻书比较方便，但是书脊容易受损，如图 6-12 所示。

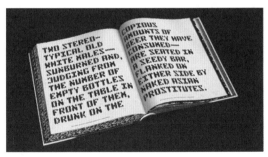

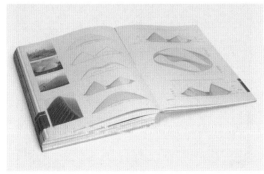

图 6-12

特殊装订方式：与普通的书籍装订方式带给人的视觉效果完全不一样。要想采用特殊的装订方式，需要针对书籍的整体内容挑选合适的方式。特殊的装订方式有活页订、折页装、线装等。

活页订是指在书的订口处打孔，再用弹簧金属圈或蝶纹圈等穿扣，如图 6-13 所示。

图 6-13

折页装是指将长幅度的纸张折叠起来，一反一正，翻阅起来十分方便，如图 6-14 所示。

图 6-14

线装是指用线在书脊一侧装订，中国传统书籍多用此类装订方式，如图 6-15 所示。

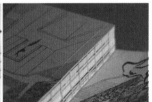

图 6-15

6.1.3 书籍、杂志的构成元素

书籍的构成部分很多，主要由封面、书脊、腰封、护封、函套、环衬、扉页、版权页、序言、目录、章首页、页码、页眉、页脚等部分组成。精装书的构成元素比平装书多一些，杂志的构成元素则相对要少一些，如图 6-16 所示。

图 6-16

封面：书刊最外面的一层，在书籍设计中占有重要的地位，封面的设计在很大程度决定了消费者是否会拿起该本书籍。封面主要包括书名、著者、出版者名称等内容，如图 6-17 所示。

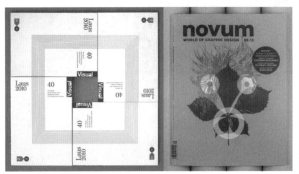

图 6-17

书脊：是指连接书刊封面、封底的部分，相当于书芯厚度，如图 6-18 所示。

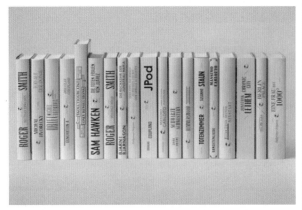

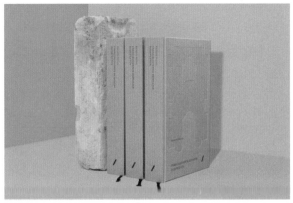

图 6-18

腰封：包裹在书籍封面外面的一条腰带纸，不仅可用来装饰和补充书籍的不足之处，还能起到一定的引导作用，能够使消费者快捷地了解该书的内容和特点，如图 6-19 所示。

图 6-19

护封：保护书籍在运输、翻阅、光线照射过程中不会受损和帮助书籍的销售，如图 6-20 所示。

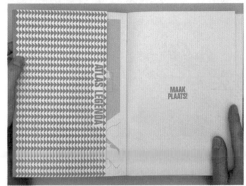

图 6-20

函套：保护书籍的一种形式。它利用不同的材料、工艺等手法，保护和美化书籍，提升书籍整体的形式美感，是形式和功能相结合的典型表现，如图 6-21 所示。

者和印刷者的名称及地点、开本、印张、字数、出版年月、版次和印数等内容。版权页是每本书必不可少的一部分，如图 6-24 所示。

图 6-21

环衬：是封面到扉页和正文到封底的一个过渡。它分为前环衬和后环衬，分别连接封面和封底，是封底前、后的空白页。它不仅仅起到一定的过渡作用，还有装饰作用，如图 6-22 所示。

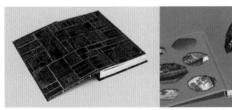

图 6-22

扉页：书籍封面或衬页、正文之前的一页，一般印有书名、出版者名、作者名等。它主要是用来装饰图书和补充书名、著作、出版社者等内容，如图 6-23 所示。

图 6-23

版权页：是指写有版权说明内容、版本的记录页，包括书名、作者、编者、评者的姓名、出版者、发行

图 6-24

序言：放在正文之前的文章，又称"序言""前言""引言"，分为"自序""代序"两种，主要用来说明创作原因、理念、过程或介绍和评价该书内容，如图 6-25 所示。

图 6-25

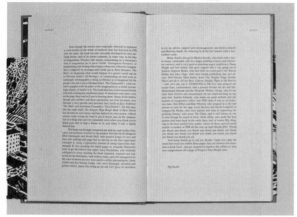

图 6-25（续）

目录：将整本书的文章或内容以及所在页数以列表的形式呈现出来，具有检索、导读的功能，如图 6-26 所示。

图 6-27

页码：用来表明书籍次序的号码或数字，每一页面都有，且以一定的次序递增，其所在位置是不固定的。能够统计书籍的页数，方便读者翻阅，如图 6-28 所示。

图 6-26

章首页：对每个章节进行总结的页面。它既总结了章节的内容又统一了整本书籍的风格，如图 6-27 所示。

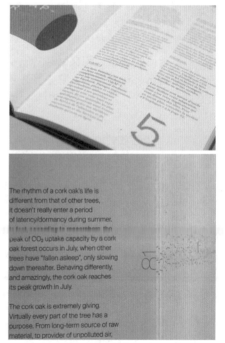

图 6-28

页眉、页脚：页眉一般置于书籍页面的上部，有文字、数字、图形等多种类型，主要起装饰作用。页脚是文档中每个页面底部的区域，常用于显示文档的附加信息，可以在页脚中插入文本或图形，例如页码、日期、公司徽标、文档标题、文件名或作者名等信息，如图 6-29 所示。

图 6-29

6.2 商业案例：教材封面设计

6.2.1 设计思路

▶ 案例类型

本案例是为一本课后辅导教材设计的封面。

▶ 项目诉求

这部数学教材是面向中学生的课后同步辅导教材，如图 6-30 所示。而且本书是系列教材中的一册，所以当前教材封面的设计要能够延伸出一系列封面的特点，如图 6-31 所示。

图 6-30

图 6-31

▶ 设计定位

由于教材面向高中阶段的青少年，所以封面图形可以适当地抽象化。构图形式严肃庄重，可以表现教材的权威性。除此之外，为了避免学生感到枯燥和厌烦，色彩的搭配可以丰富一些。图 6-32 所示为相关设计作品。

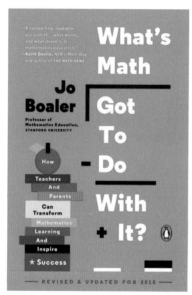

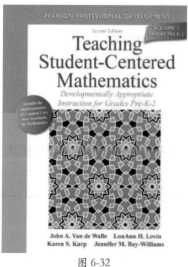

图 6-32

6.2.2 配色方案

由于书籍封面的构图相对比较严谨，所以在颜色上我们可以选择相对"大胆"的颜色搭配。例如本案例选择了接近于互补色的配色方式。

▶ 主色

这本教材的内容是数学。作为一门理科科目，数学本身就给人以理性、严谨、科学的感受，这些感受与青色所传达的色彩情感极为相似。冷调的青色是理性与睿智的化身，深浅不同的青色更像清澈的水，滋润着枯燥的求学之路，如图 6-33 所示。

图 6-33

▶ 辅助色

理性十足的青色辅助以阳光开朗的中黄色，止像是青少年良好的精神面貌。中黄色与青色接近互补色，互补色搭配是比较常见的搭配方式，两种颜色在对方的衬托下，反差往往显得极其强烈。为了避免不和谐之感，在使用互补色时，要注意这两种颜色所占的比例，如图 6-34 所示。

图 6-34

▶ 点缀色

点缀色选择了一种较深的灰调蓝色，这种颜色只应用于书名的文字，主要起着与画面中的其他颜色相脱离，强化书名视觉吸引力的作用，如图 6-35 所示。

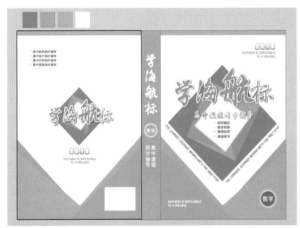

图 6-35

▶ 其他配色方案

由于这本教材是系列教材中的一本，所以在制作其他基本教材时就可以根据每个科目的不同属性选择合适的颜色，例如深蓝与草绿搭配可以应用于物理、化学等理科课程，如图 6-36 所示；红和黄的搭配则可以用于政治这样的文科课程，如图 6-37 所示。

图 6-36

图 6-37

6.2.3 版面构图

书籍的封面以及封底均采用了对称型构图方式。封面部分的主体图形以及文字所占比例较大，在制作封底时适当将这部分区域缩小即可，如图 6-38 所示。背景图案主要使用了图形互补的构图方式，青色的菱形主体图案与底部的青色、黄色三角形通过几何分割，在平面化的图形设计中创造出空间感，如图 6-39 所示。

图 6-38

图 6-39

除此之外，还可以使封面与封底以书脊为轴，呈现出完全的对称。利用几何图形抽象地表现出一双翅膀，寓意为在知识的海洋里翱翔，如图 6-40 所示。同时也可以使用简洁的分割型构图方式，给人以硬朗、整齐的感觉，但如果封面内容较少则容易给人以枯燥乏味之感，如图 6-41 所示。

图 6-40

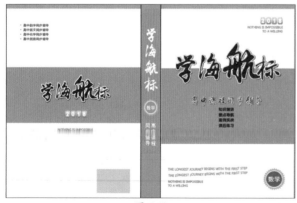

图 6-41

6.2.4 同类作品欣赏

6.2.5 项目实战

▶ 制作流程

本案例首先使用画板工具创建出三个合适大小的画板，然后使用钢笔工具绘制图形，使用文字工具添加封面所需文字。书籍平面部分制作完成后，使用自由变换工具制作书籍的立体效果，如图 6-42 所示。

图 6-42

图 6-42（续）

技术要点

☆ 使用画板工具创建多个画板。

☆ 使用钢笔工具绘制图形。

☆ 使用自由变换工具制作立体书籍效果。

▶ 操作步骤

1. 制作封面平面图

步骤 01 执行菜单"文件"→"新建"命令，在弹出的"新建文档"对话框中设置"单位"为毫米、"宽度"为 130mm、"高度"为 184mm、"方向"为纵向，参数设置如图 6-43 所示。设置完成后单击"创建"按钮，如图 6-44 所示。

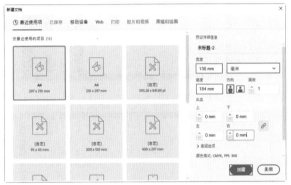

图 6-43

图 6-44

步骤 02 选择工具箱中的画板工具 ，在"画板 1"的右侧按住鼠标左键拖曳绘制一个画板，接着在控制栏中设置其"宽度"为 20mm、"高度"为 184mm，如图 6-45 所示。调整完成后，将"画板 2"移动到"画板 1"的右侧。这个画板作为书脊部分，如图 6-46 所示。

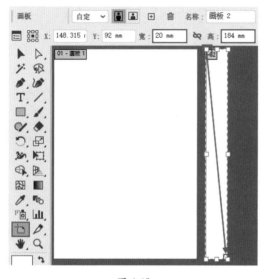

图 6-45

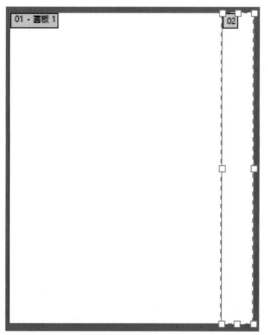

图 6-46

步骤 03 接着新建一个作为封面的画板。在使用画板工具的状态下单击"画板 1"将其选中，然后单击控制栏中的"新建画板"按钮 回，接着将鼠标指针移动到"画板 2"的右侧（此时指针会显示出一个与"画板 1"等大的灰色的画板影像），单击鼠标左键即可完成新建画板的操作，如图 6-47 所示。将新建的画板向左移动，贴齐到书脊画板边缘，如图 6-48 所示。

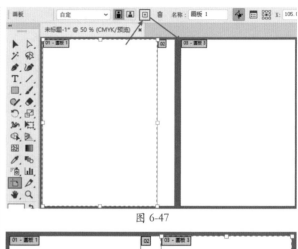

图 6-47

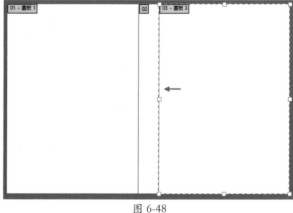

图 6-48

步骤 04 接着在"画板 3"中制作封面。选择工具箱中的矩形工具 回，在控制栏中设置"填充"为白色、"描边"为无，设置完成后在"画板 3"中绘制一个与画板等大的矩形，如图 6-49 所示。绘制完成后，选择矩形并使用快捷键 Ctrl+2 将其锁定。

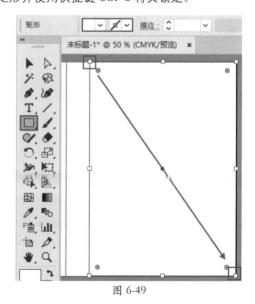

图 6-49

图 6-53

图 6-54

图 6-55

步骤 07 接下来为菱形添加立体效果。选择工具箱中的钢笔工具 ✎，在控制栏中设置"填充"为淡青色、"描边"为无。按照白色菱形的外轮廓绘制出一个不规则图形，如图 6-56 所示。使用同样的方法，设置颜色为明度不同的青色，继续绘制三个不规则图形，效果如图 6-57 所示。

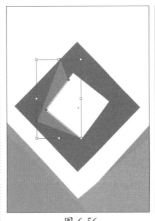

图 6-56

图 6-57

步骤 08 接下来为白色正方形添加内发光效果。选中白色的正方形，执行菜单"图层"→"风格化"→"内发光"命令，在"内发光"对话框中设置"模式"为"正常"、"颜色"为灰色、"不透明度"为75%、"模糊"为1.8mm，

软件操作小贴士

关于"锁定"的小知识

在 Illustrator 中"锁定"的对象是无法被选中编辑的。可以使用快捷键 Ctrl+Alt+2 将文档内的全部锁定对象进行"解锁"；若要对指定的对象进行"解锁"，可以在"图层"面板中找到对象所在的图层，然后单击 🔒 图标，即可进行"解锁"操作，如图 6-50 所示。

图 6-50

步骤 05 选择工具箱中的钢笔工具 ✎，在控制栏中设置"填充"为青色、"描边"为无，绘制出一个三角形，如图 6-51 所示。使用同样的方法绘制出其他颜色的三角形，并放置在画面的下方，如图 6-52 所示。

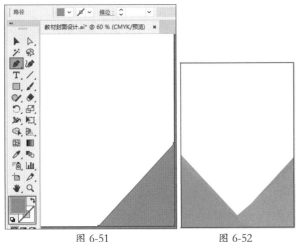

图 6-51   图 6-52

步骤 06 接下来绘制一个青灰色的正方形。选择工具箱中的矩形工具 ▢，在控制栏中设置"填充"为青灰色。接着在画面中单击，在弹出的"矩形"对话框中设置"宽度"和"高度"均为 80mm，如图 6-53 所示。单击"确定"按钮完成正方形的绘制，将正方形旋转 45°，调整到相应的位置，如图 6-54 所示。使用同样的方式绘制一个白色的正方形并旋转，放置在青灰色正方形的中间，如图 6-55 所示。

选中"边缘"单选按钮，如图6-58所示。设置完成后单击"确定"按钮，此时白色正方形效果如图6-59所示。

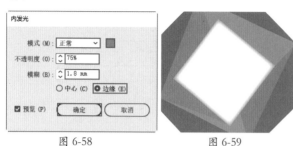

图6-58　　　　　图6-59

步骤09 接下来制作标题文字。选择工具箱中的文字工具 T，在控制栏中选择合适的字体以及字号，设置"填充"为蓝色、"描边"为白色、"描边粗细"为2pt，然后输入文字。选中"航"字，增大字号，使其变得更加突出，效果如图6-60所示。

图6-60

步骤10 接下来为文字添加"投影"效果。执行菜单"效果"→"风格化"→"投影"命令，在打开的"投影"对话框中，设置"模式"为"正片叠底"、"不透明度"为75%、"X位移"为0.2mm、"Y位移"为0.2mm、"模糊"为0.2mm、"颜色"为黑色，参数设置如图6-61所示。设置完成后单击"确定"按钮，文字效果如图6-62所示。

步骤11 使用同样的方法，制作副标题文字，如图6-63所示。继续使用文字工具输入下方的四行文字，如图6-64所示。

步骤12 选择工具箱中的椭圆工具 ◯，在控制栏中设置"填充"为黄色、"描边"为"无"。按住Shift键在文字的前方绘制一个正圆形，如图6-65所示。选择黄色的小正圆，按住Alt键拖曳，复制出3个正圆并放置在文字的前方，效果如图6-66所示。

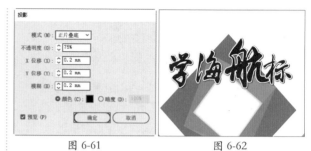

图6-61　　　　　图6-62

图6-63　　　　　图6-64

图6-65

图6-66

步骤13 选择工具箱中的星形工具 ✩，在控制栏中设置"填充"为灰色，然后在画面中单击，在弹出的"星形"对话框中设置"半径1"为10mm、"半径2"为9mm、"角点数"为30，如图6-67所示。设置完成后单击"确定"按钮，然后将星形移动到画面中的右下角，如图6-68所示。

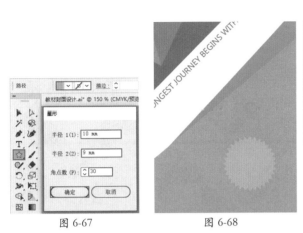

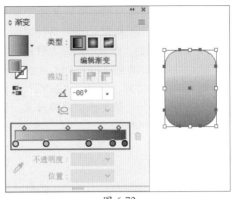

图 6-67   图 6-68   图 6-72

步骤 14 选择工具箱中的椭圆工具 ◎，在控制栏中设置"填充"为蓝色、"描边"为白色、"描边粗细"为 2pt，然后在星形的上方绘制一个正圆形，效果如图 6-69 所示。使用文字工具在正圆形上方输入文字，效果如图 6-70 所示。

步骤 16 将圆角矩形复制 3 份，然后将这 4 个圆角矩形加选。单击控制栏中的"垂直居中对齐"按钮 ⊞ 和"水平居中分布"按钮 ⊞，使其进行对齐和均匀分布，效果如图 6-73 所示。继续使用文字工具在相应位置输入文字，效果如图 6-74 所示。

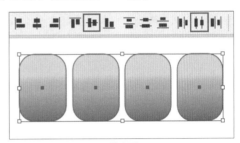

图 6-69   图 6-70

步骤 15 接下来制作书籍右上角的图案及文字。选择工具箱中的圆角矩形工具 ◎，在画面中单击，在弹出的"圆角矩形"对话框中设置"宽度"为 5mm、"高度"为 7mm、"圆角半径"为 1.5mm，设置完成后单击"确定"按钮，即可绘制出一个圆角矩形，如图 6-71 所示。选择圆角矩形，执行菜单"窗口"→"渐变"命令，在打开的"渐变"面板中编辑一个橘黄色系的渐变，设置"类型"为线性，并设置"描边"为无，此时圆角矩形效果如图 6-72 所示。

图 6-73

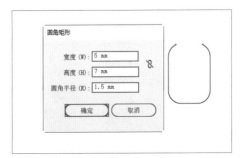

图 6-71

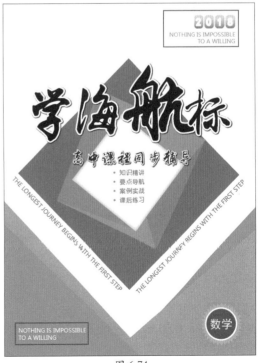

图 6-74

步骤17 接下来制作封底。使用选择工具 将封面全部选中，然后使用快捷键 Ctrl+C 进行复制，使用快捷键 Ctrl+V 进行粘贴，将复制的对象移动到"画板1"中，如图 6-75 所示。将封面中的主体图形进行缩放，并调整图形及文字的位置，然后在"封底"的右下角绘制一个白色的矩形作为条形码的摆放位置，封底就制作完成了，如图 6-76 所示。

图 6-75

图 6-76

步骤18 使用矩形工具绘制一个与"画板2"等大的青色矩形，如图 6-77 所示。继续使用矩形工具在封面的上方及书籍的下方绘制另外两个矩形，如图 6-78 所示。

图 6-77

图 6-78

步骤19 接下来为书脊添加文字。选择工具箱中的直排文字工具 ，在控制栏中选择与封面书名文字相同的字体，设置合适的字号，设置"填充"为白色、"描边"为无，在书脊上方单击并输入文字，如图 6-79 所示。使用同样的方法，继续为书脊添加其他文字信息，并摆放在合适的位置，如图 6-80 所示。

步骤20 将封面右下角的"数学"图标选中，执行菜单"编辑"→"复制"命令以及"编辑"→"粘贴"命令，复制一份图标并移动到书脊中，然后将图标中的青色正圆更改为黄色，如图 6-81 所示。

图 6-79

图 6-80

图 6-81

2. 制作书籍展示效果

步骤 01 首先需要新建一个画板。选择工具箱中的画板工具 ，在空白区域创建一个新的画板，然后在控制栏中设置"宽"为 285mm、"高"为 200mm，如图 6-82 所示。执行菜单"文件"→"置入"命令，将素材"1.jpg"置入到文档内，放置在"画板 4"中，然后单击控制栏中的"嵌入"按钮，如图 6-83 所示。

图 6-82

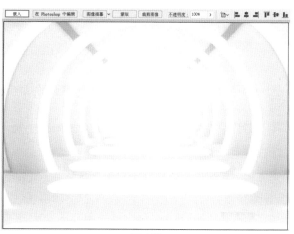

图 6-83

步骤 02 接下来制作书籍的立体效果。将书籍封面复制一份放置在"画板 4"中，然后选择封面并执行菜单"文字"→"创建轮廓"命令，将文字创建为轮廓，使用快捷键 Ctrl+G 进行编组，如图 6-84 所示。接着选择工具箱中的自由变换工具 下的自由扭曲工具 ，拖曳控制点对封面进行透视变形，如图 6-85 所示。

图 6-84

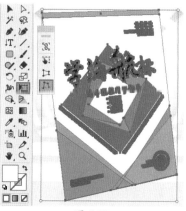

图 6-85

软件操作小贴士

为什么要将文字创建为轮廓

文字不属于图形，无法使用自由变换工具进行变形。如果要在不将文字栅格化的状态下对文字进行变换以制作出特殊效果，可以使用"对象"→"封套扭曲"下的命令。

步骤 03 使用同样的方法制作书脊部分，效果如图 6-86 所示。

图 6-86

步骤 04 接着需要将书脊部分压暗，作为背光面。选择工具箱中的钢笔工具 ✎，在控制栏中设置"填充"为墨绿色、"描边"为无，然后参照书脊的形状绘制图形，如图 6-87 所示。接着选择该图形，在控制栏中设置"不透明度"为 30%，效果如图 6-88 所示。

图 6-87　　　　图 6-88

步骤 05 将书籍的立体效果编组，然后复制一份，如图 6-89 所示。

图 6-89

步骤 06 最后制作书籍的投影。使用"钢笔工具"参照书籍的位置绘制图形，然后将其填充由透明到黑色的线性渐变，如图 6-90 所示。接着选择该图形，多次执行菜单"对象"→"排列"→"后移一层"命令将投影移到书籍的后面，效果如图 6-91 所示。

图 6-90

图 6-91

6.3 商业案例：书籍封面设计

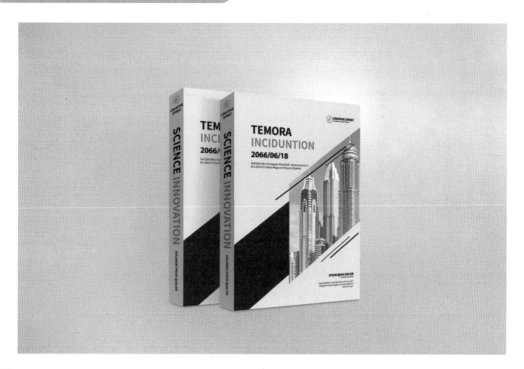

6.3.1 设计思路

▶ 案例类型

本案例是建筑设计类书籍的封面设计项目。

▶ 项目诉求

这部书籍为专业书籍，主要读者群体为建筑相关行业的从业人员，内容以建筑设计理论以及优秀作品鉴赏为主，封面设计要求能够体现书籍的特色，并进行一定的创新，如图 6-92 所示。

图 6-92

▶ 设计定位

根据项目要求，本案例在设计之初就将整体风格定位到理性、严谨、专业上。为了体现本书的内容，选择将建筑图像作为画面主体元素。不过这正是同类书籍常用的手法，为了使封面与众不同，所以尝试将建筑图像与色块相结合，以"面"的形式呈现在版面中，搭配倾斜的线条，给版面带来一定的动感，如图 6-93 所示。

图 6-93

6.3.2 配色方案

此类书籍往往给人以权威感、智慧感以及稳重感，所以建议不要使用过多的色彩搭配。本案例将建筑图像与低调严谨的青色相搭配，既保留了建筑图像的美感，同时又不乏大气与稳重。

► 主色

书籍封面选择了大气且兼具包容性的浅灰色作为主色，与主题格调十分吻合。灰色作为背景色，能够很好地将其他色彩凸显出来，如图 6-94 所示。

图 6-94

► 辅助色

建筑类书籍通常给人以理性、严谨、科学的印象，这些感觉与青色所传递的色彩情感极为相似，所以本案例以青色作为传递情感的色彩。冷调的青灰色是理性与睿智的化身，而且在不同明度变化中，让版面具有了丰富的层次感，如图 6-95 所示。

图 6-95

► 点缀色

青色调的建筑图像色调统一，但是在浅灰色的背景的映衬下，书籍整体看起来"灰蒙蒙"的，缺少重点，在这里可以添加明度较低的深青色作为点缀。在深色的映衬下，灰色的背景以及建筑图像都显得更加鲜明，如图 6-96 所示。

图 6-96

► 其他配色方案

本案例也可以尝试以白色作为封面的底色，搭配不同明度的灰色、黑色图形和文字。由于版面内容均为无彩色，所以建筑图片可以保持原始色彩，如图 6-97 所示。

将原方案中的青灰色更改为蓝色系色彩也很适合，与青色相似，蓝色也通常代表理性、科技、严谨，如图 6-98 所示。

图 6-97

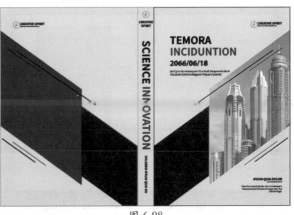

图 6-98

6.3.3 版面构图

本案例封面和封底均采用倾斜型构图方式。倾斜的画面会产生强烈的视觉律动感。将版面分割为上中下三个不规则区域，中间为建筑，上下为文字，清晰、大气。

倾斜的图形使得中间产生了平行四边形的图形效果，为了呼应该图形，在建筑图片的左下方摆放了黑色的平行四边形，使得封面产生了空间的距离感，如图 6-99 所示。

图 6-99

6.3.4 同类作品欣赏

6.3.5 项目实战

▶ 制作流程

本案例需要先从书籍的平面图开始制作。首先使用钢笔工具、直线工具、文字工具制作封面，然后制作封底和书脊。平面图制作好以后，再去制作立体展示效果，即将封面和书脊进行透视变形，然后添加阴影使书籍变得更加立体，如图 6-100 所示。

图 6-100

▶ 技术要点

☆ 使用剪切蒙版隐藏图形部分。
☆ 使用混合模式更改图像颜色。
☆ 使用自由变换工具对封面和书脊进行变形。

▶ 操作步骤

1. 制作书籍封面

步骤01 执行菜单"文件"→"新建"命令，新建一个"宽度"为170mm、"高度"为240mm的竖向空白文档。当前画面作为书籍封面的绘制区域，如图 6-101 所示。

步骤02 接着制作书脊画板。选择工具箱中的画板工具 ，在封面画板左侧绘制画板。然后在控制栏中设置"宽度"为20mm、"高度"为240mm，如图 6-102 所示。

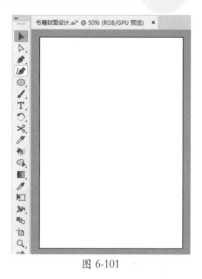

图 6-101

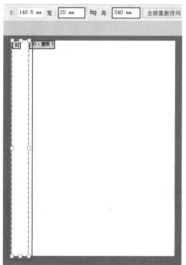

图 6-102

步骤03 在画板工具的使用状态下，将封面画板选中，按住 Alt 键向左拖拽的同时按住 Shift 键，这样可以保证画板在同一水平线上移动。至书脊左侧位置时释放鼠标，即可将画板复制一份，如图 6-103 所示。

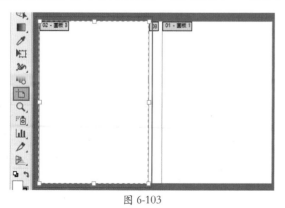

图 6-103

步骤04 选择工具箱中的矩形工具◻️，在控制栏中设置"填充"为灰色、"描边"为无。设置完成后绘制一个与封面画板等大的矩形，如图 6-104 所示。

图 6-104

步骤05 接着在灰色矩形上添加其他图形。选择工具箱中的钢笔工具✒️，在控制栏中设置"填充"为蓝黑色。设置完成后在灰色矩形下半部分绘制图形，如图 6-105 所示。

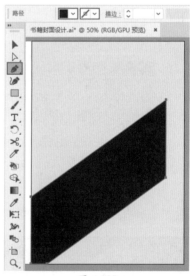

图 6-105

步骤06 接下来在封面右侧置入建筑素材。将建筑素材"1.jpg"置入，调整大小并放在封面画板右侧位置，如图 6-106 所示。

步骤07 使用钢笔工具，在控制栏中设置"填充"为黑色、"描边"为无。设置完成后在素材上绘制图形，如图 6-107 所示。将该图形复制一份放在画板外，以备后面操作使用。

图 6-106

图 6-107

步骤08 将黑色图形和底部素材选中，使用快捷键 Ctrl+7 创建剪切蒙版，将素材不需要的部分进行隐藏，如图 6-108 所示。

图 6-108

步骤09 将画板外的黑色图形选中，在控制栏中设置"填充"为深青色。设置完成后将其放置在建筑素材上，如图 6-109 所示。

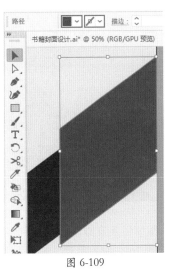

图 6-109

步骤10 将图形选中，在打开的"透明度"面板中设置"混合模式"为混色，如图 6-110 所示。

图 6-110

步骤11 效果如图 6-111 所示。

图 6-111

步骤12 下面在素材上添加直线段，丰富版面细节效果。选择工具箱中的直线段工具 ╱，在控制栏中设置"填充"为无、"描边"为黑色、"，描边粗细"为2pt。设置完成后在素材上绘制直线段，如图6-112所示。

图 6-112

步骤 13 继续使用直线段工具，在控制栏中设置"描边粗细"为1pt。设置完成后在已有直线段下方绘制一条稍细一些的直线段，如图6-113所示。

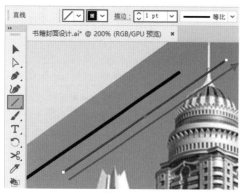

图 6-113

步骤 14 将绘制完成的两条直线段选中，复制一份放在素材下方位置，并对其长短进行适当调整，如图6-114所示。

图 6-114

步骤 15 接着制作标志。选择工具箱中的椭圆工具 ◯，在控制栏中设置"填充"为无、"描边"为青色、"描边粗细"为1pt。设置完成后在封面左上角绘制一个小正圆，如图6-115所示。

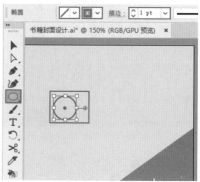

图 6-115

步骤 16 接下来在描边正圆内部添加直线段，丰富细节效果。选择工具箱中的直线段工具 ╱，在控制栏中设置"填充"为无、"描边"为青色、"描边粗细"为1pt。设置完成后在正圆内部绘制直线段，如图6-116所示。

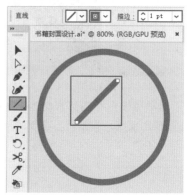

图 6-116

步骤 17 将绘制完成的直线段选中，复制两份并放置在已有直线段下方，如图6-117所示。

图 6-117

步骤18 接着在标志右侧添加文字。选择工具箱中的文字工具 T.，在标志右侧输入合适的文字。然后在控制栏中设置"填充"为黑色、"描边"为无，同时设置合适的字体、字号，如图 6-118 所示。

图 6-118

步骤19 接下来对标志文字形态进行调整。将文字选中，在打开的"字符"面板中单击"全部大写字母"按钮，将文字全部调整为大写形式，如图 6-119 所示。

图 6-119

步骤20 使用同样的方法，在已有文字下方继续输入文字，并将字母调整为大写形式，如图 6-120 所示。

图 6-120

步骤21 下面在封面中添加书名文字。选择工具箱中的文字工具 T.，在封面上半部分输入文字。接着在控制栏中设置"填充"为黑色、"描边"为无，同时设置合适的字体、字号，并单击"左对齐"按钮，如图 6-121 所示。

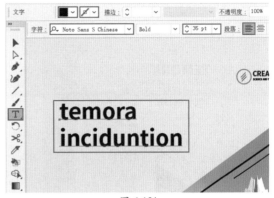

图 6-121

步骤22 接着对输入的主标题文字形态进行调整。将文字选中，在打开的"字符"面板中设置"行距"为 40pt，同时单击"全部大写字母"按钮，将文字字母全部调整为大写形式，如图 6-122 所示。

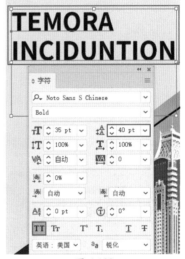

图 6-122

步骤23 接下来对主标题第二行文字颜色进行更改。在文字工具使用状态下，将第二行文字选中，在控制栏中设置"填充"为青色，如图 6-123 所示。

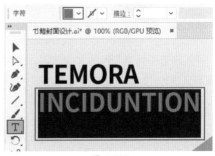

图 6-123

步骤 24 继续使用文字工具在封面画板中的合适
位置输入其他文字，如图 6-124 所示。

图 6-124

2. 制作书脊和封底

步骤 01 选择工具箱中的矩形工具▢，在控制栏中
设置"填充"为灰色、"描边"为无。设置完成后绘
制一个与书脊画板等大的矩形，如图 6-125 所示。

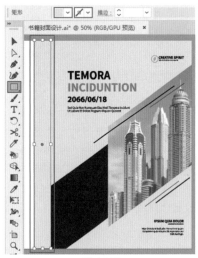

图 6-125

步骤 02 接着将标志和部分文字选中，复制一份并
调整位置与文字大小，放置在书脊顶端部位，如图 6-126
所示。

步骤 03 接下来使用文字工具在文档空白位置输
入合适的文字，然后将其适当旋转，放置在书脊部位。
如此时书脊制作完成，如图 6-127 所示。

图 6-126

图 6-127

步骤 04 下面制作封底。将封面背景矩形、装饰
不规则图形和直线段选中，复制一份并放置在封底画
板中，如图 6-128 所示。

图 6-128

步骤 05 接着右击，在弹出的快捷菜单中执行"变
换"→"镜像"命令，在弹出的"镜像"对话框中选中"垂
直"单选按钮，单击"确定"按钮，如图 6-129 所示。

图 6-129

步骤06 设置完成后的效果如图 6-130 所示。

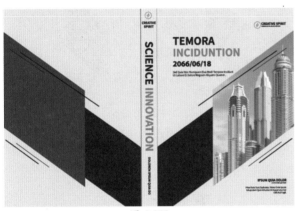

图 6-130

步骤07 接着将标志复制一份，放在封底左上角位置。此时书籍的封面、书脊、封底平面图制作完成，如图 6-131 所示。

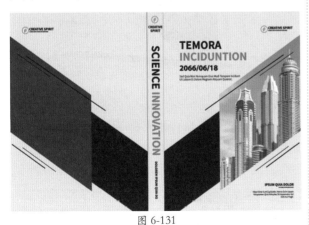

图 6-131

3. 制作书籍立体展示效果

步骤01 首先选择工具箱中的画板工具，绘制一个大小合适的画板，如图 6-132 所示。

步骤02 接着制作背景矩形。选择工具箱中的矩形工具，在控制栏中设置任意的"填充"颜色、"描

边"为无。设置完成后绘制一个与画板等大的矩形，如图 6-133 所示。

图 6-132

图 6-133

步骤03 接下来为背景矩形添加渐变色。将矩形选中，在打开的"渐变"面板中设置"类型"为"径向"、"角度"为 51°、"长宽比"为 95%。设置完成后编辑一个灰色系的渐变，如图 6-134 所示。

图 6-134

步骤04 效果如图 6-135 所示。

图 6-135

步骤 05 下面为渐变背景矩形添加纹理。将渐变矩形选中，执行菜单"效果"→"纹理"→"龟裂缝"命令，在打开的"龟裂缝"对话框中设置"裂缝间距"为 30、"裂缝深度"为 3、"裂缝亮度"为 10，单击"确定"按钮，如图 6-136 所示。

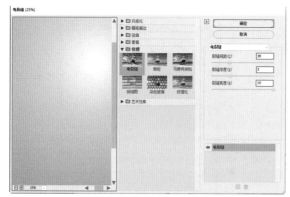

图 6-136

步骤 06 设置完成后的效果如图 6-137 所示。

步骤 07 接着制作书籍的立体展示效果。将封面所有图形对象选中，复制一份并放置在画板外。然后将复制得到的封面文字选中，右击，在弹出的快捷菜单中执行"创建轮廓"命令，将文字创建轮廓，这样可以保证文字在自由变换过程中不会发生变形扭曲。将所有封面图形选中，使用快捷键 Ctrl+G 进行编组，如图 6-138 所示。

图 6-137　　　　　图 6-138

步骤 08 选择工具箱中的自由变换工具中的自由扭曲按钮。然后拖动图形锚点对其进行变形处理，使其呈现出一定的立体状态，如图 6-139 所示。

步骤 09 接着使用同样的方法制作出书脊的立体展示效果，如图 6-140 所示。

图 6-139　　　　　图 6-140

步骤 10 下面在立体封面底部添加投影。选择工具箱中的钢笔工具，在控制栏中设置"填充"为黑色、"描边"为无。设置完成后在封面底部绘制一个不规则图形，如图 6-141 所示。

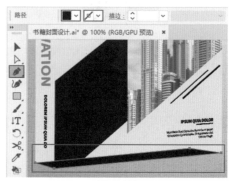

图 6-141

步骤 11 接着对投影图形进行模糊处理，增强真实性。将图形选中，执行菜单"效果"→"模糊"→"高斯模糊"命令，在弹出的"高斯模糊"对话框中设置"半径"为 10 像素，单击"确定"按钮，如图 6-142 所示。

图 6-142

步骤12 将阴影图形选中，调整图层顺序，摆放在封面和书脊图形后面，如图 6-143 所示。

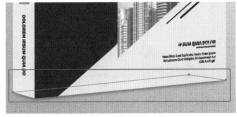

图 6-143

步骤13 由于光线在右上角，因此书脊部位应该是暗部。选择工具箱中的钢笔工具 ✐，在控制栏中设置"填充"为黑色、"描边"为无。设置完成后绘制出书脊轮廓，如图 6-144 所示。

步骤14 将该图形选中，在控制栏中设置"不透明度"为 40%，如图 6-145 所示。

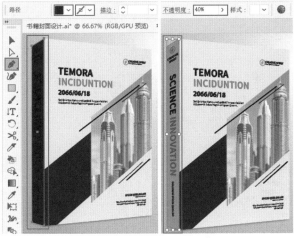

图 6-144　　　　　　图 6-145

步骤15 将制作完成的立体书籍展示效果选中，使用快捷键 Ctrl+G 进行编组。将编组的立体书籍效果选中，复制一份并放置在已有立体书籍右侧，如图 6-146 所示。

图 6-146

步骤16 接着在两个书籍中间添加投影。选择工具箱中的钢笔工具 ✐，在控制栏中设置"填充"为深灰色、"描边"为无。设置完成后在两个立体书籍之间绘制投影图形，如图 6-147 所示。

步骤17 接下来为投影图形添加渐变色。将图形选中，在打开的"渐变"面板中设置"类型"为"线性"、"角度"为 177°。设置完成后编辑一个由深灰色到透明的渐变，同时设置左侧滑块的"不透明度"为 30%，如图 6-148 所示。

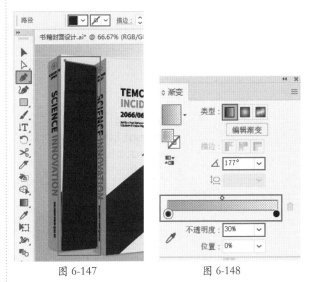

图 6-147　　　　　　图 6-148

步骤18 效果如图 6-149 所示。

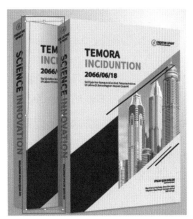

图 6-149

步骤19 在阴影图形选中状态下，执行菜单"效果"→"模糊"→"高斯模糊"命令，在打开的"高斯模糊"对话框中设置"半径"为 10 像素，如图 6-150 所示。

步骤20 效果如图 6-151 所示（由于投影图形的不透明度较低，设置的高斯模糊效果不是很明显，在操作时需要仔细观察）。

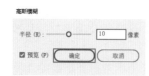

图 6-150

步骤 21 将制作完成的阴影图形选中，调整图层顺序，将其摆放在两本书之间。此时本案例制作完成，如图 6-152 所示。

图 6-151　　　　　图 6-152

6.4　商业案例：旅游杂志内页版式设计

本案例是旅游杂志内页版式设计项目。有关本案例的设计思路、配色方案、版面构图、同类作品欣赏以及项目实践的内容通过扫描右侧的二维码下载后进行学习。

6.5　优秀作品欣赏

第 7 章　产品包装设计

产品包装设计是立体领域的设计项目。与标志设计、海报设计等依附于平面的设计项目不同，包装设计需要创造出有材质、体感、重量的"外壳"。产品包装必须根据商品的外形、特性采用相应的材料进行设计。本章主要从产品包装的含义、产品包装的常见形式、产品包装的常用材料等方面来学习产品包装设计。

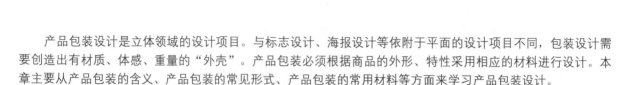

7.1　产品包装设计概述

产品包装设计就是对产品的包装造型、所用材料、印刷工艺等方面的内容进行设计，是针对产品整体构造形成的创造性构思过程。产品包装设计是产品流通和塑造良好企业形象的重要媒介。现代产品包装不仅仅是一个承载产品的容器，更是合理生活方式的一种体现。因此，产品包装设计不仅仅局限于外观和形式，更注重两者的结合以及用个性化的设计营造出良好感官体验，以促进产品的销售，增加产品的附加价值。图7-1和图7-2所示为优秀的产品包装设计。

图 7-3

图 7-4

图 7-1　　　　　　图 7-2

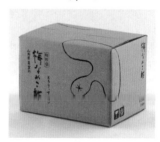

图 7-5

7.1.1　产品包装的含义

产品包装就是用来盛放产品的器物，包装即为包裹、装饰。它主要是以保护产品、方便消费者使用、促进销售为主要目的。产品包装按形状分类有小包装、中包装、大包装。小包装也叫个体包装或内包装，如图7-3所示。中包装是为了方便销售而对商品进行组装或套装，如图7-4所示。大包装是最外层的包装，也称外包装、运输包等，如图7-5所示。

7.1.2　产品包装的常见形式

产品包装的形式多种多样，分为盒类、袋类、瓶类、罐类、坛类、管类、包装筐和其他类型的包装。

盒类包装：盒类包装包括木盒、纸盒、皮盒等多种类型，应用范围广，如图 7-6 所示。

图 7-6

袋类包装：袋类包装包括塑料袋、纸袋、布袋等多种类型，应用范围广。袋类包装重量轻、强度高、耐腐蚀，如图 7-7 所示。

图 7-7

瓶类包装：罐类包装瓶类包装包括玻璃瓶、塑料瓶、普通瓶等多种类型，较多地应用于液体产品，如图 7-8 所示。

图 7-8

罐类包装：罐类包装包括铁罐、玻璃罐、铝罐等多种类型。罐类包装刚性好、不易破损，如图 7-9 所示。

图 7-9

坛类包装：坛类包装多用于酒类、腌制品，如图 7-10 所示。

图 7-10

管类包装：管类包装包括软管、复合软管、塑料软管等类型，常用于盛放凝胶状液体，如图 7-11 所示。

图 7-11

包装筐：包装筐多用于数量较多的产品，如瓶酒、饮料类，如图 7-12 所示。

图 7-12

其他包装：其他包装还有托盘、纸标签、瓶封、材料等多种类型，如图 7-13 所示。

图 7-13

7.1.3 产品包装的常用材料

包装的材料种类繁多，不同的商品考虑其运输过程与展示效果，所用材料也不一样。在包装设计过程中必须从整体出发，了解产品的属性，采用适合的包装材料及容器形态等。产品包装的常见材料有纸包装、塑料包装、金属包装、玻璃包装和陶瓷包装等。

纸包装：纸包装是一种轻薄、环保的包装。常见的纸包装有牛皮纸、玻璃纸、蜡纸、有光纸、过滤纸、白板纸、胶版纸、铜版纸、瓦楞纸等多种类型。纸包装应用广泛，具有成本低、便于印刷和可批量生产的优势，如图 7-14 所示。

图 7-14

塑料包装：塑料包装是用各种塑料加工制作的包装材料，有塑料薄膜、塑料容器等类型。塑料包装具有强度高、防滑性能好、防腐性强等优点，如图 7-15 所示。

图 7-15

金属包装：常见的金属包装有马口铁皮、铝、铝箔、镀铬无锡铁皮等类型。塑料包装具有耐蚀性、防菌、防霉、防潮、牢固、抗压等特点，如图 7-16 所示。

图 7-16

玻璃包装：玻璃包装具有无毒、无味、清澈性好等特点；但其最大的缺点是易碎，且重量相对过重。玻璃包装包括食品用瓶、化妆品瓶、药品瓶、碳酸饮料瓶等多种类型，如图 7-17 所示。

图 7-17

陶瓷包装：陶瓷包装是一个极富艺术性的包装容器。瓷器釉瓷有高级釉瓷和普通釉瓷两种。陶瓷包装具有耐火、耐热、坚固等优点。但其与玻璃包装一样，易碎，且有一定的重量，如图 7-18 所示。

图 7-18

7.2 商业案例：干果包装盒设计

7.2.1 设计思路

▶ **案例类型**

本案例是一个干果类休闲食品的外包装设计项目。

▶ 项目诉求

这是一款即食型开心果食品，特色在于干果采用传统古法加工而成，无任何添加剂，安全美味。所以，产品包装需要采用环保材料，如图 7-19 所示。

图 7-19

▶ 设计定位

根据这款产品"传统古法加工"的特点，我们将这款食品包装的整体风格定位在古朴、典雅的怀旧中式风格。包装采用"牛皮纸"这样一种安全、无毒、可降解的材料，符合"环保"的要求，如图 7-20 所示。整体形态采用常见的盒式，消费者拿在手里大小适中，轻重适度，而且便于运输，如图 7-21 所示。

图 7-20　　　　　　图 7-21

7.2.2 配色方案

本案例所使用的颜色，全部来源于产品本身，这是最便捷，也是给人最直观感受的配色方式。开心果外壳的奶黄色以及果仁的黄绿色，这两种颜色是邻近色，而且饱和度都不高，与"古朴、典雅"这两个关键词相匹配。

▶ 主色

开心果的外壳颜色接近奶黄色，明度较低的奶黄色是一种暖色，食品包装多使用暖色。同时这种颜色也是甜味食品中常见的颜色，例如蛋糕、奶糖。使用这种颜色作为包装的主色调，会给人以美味、适口的心理暗示，如图 7-22 所示。

▶ 辅助色

辅助色来源于开心果果仁的颜色。开心果的果仁多为黄绿色，在这里选择的辅助色更加接近于黄色，与奶黄色的主色搭配在一起非常协调，如图 7-23 所示。

图 7-22

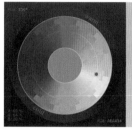 

图 7-23

▶ 点缀色

当主色和辅助色全部应用在画面中时，我们会发现整个版面的明度非常接近，几乎没有明暗的差别，这也就容易造成画面"灰"的问题，如图 7-24 所示，所以文字部分我们需要选择一种重色。由于文字大部分位于奶黄色的主色区域，所以文字颜色可以沿用这种颜色的"色相"，并将明度降低，得到一种棕色。同一色相、不同明度的两种颜色搭配在一起，几乎不会产生不协调之感，如图 7-25 所示。

图 7-24

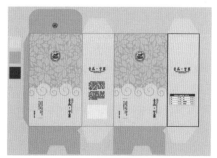

图 7-25

▶ 其他配色方案

借助牛皮纸原本的颜色，再选择一种色相相同、明度带有一定差异的颜色进行搭配，古朴而环保，如图 7-26 所示。灰调的绿色系也可以作为系列食品的包装之一，如图 7-27 所示。

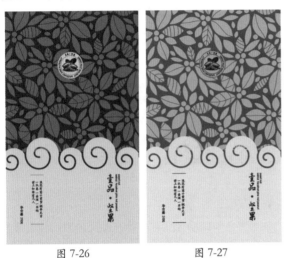

图 7-26   图 7-27

7.2.3 版面构图

包装的版面采用了分割式构图，利用卷曲的中国传统图案将画面分割为上下两个部分。上半部分以叶片作为底纹，下半部分保持纯色。利用图形作为分隔线是一种比较聪明的做法，避免了直线分隔的生硬感，又为画面增添了一丝传统的韵味。文字部分均采用了书法字体，并以直排的方式书写，更加强化了古典感，如图 7-28 所示。

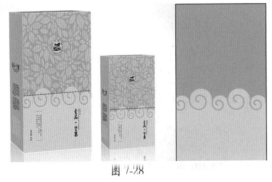

图 7-28

传统图案上下呼应，产品名称、标志、宣传语垂直对齐也是一种不错的排版方式，非常具有古风韵味，如图 7-29 所示。还可以尝试倾斜构图，以黄金分割比例进行画面的切分，产品名称和商标摆放在版面左上角，也就是视觉中心的位置，更容易强化产品名称给消费者的印象，如图 7-30 所示。

图 7-29   图 7-30

7.2.4 同类作品欣赏

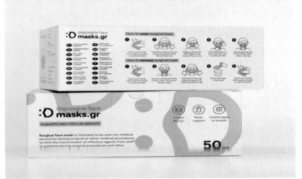

7.2.5 项目实战

▶ 制作流程

首先使用钢笔工具绘制包装盒各个面的基本形

态，并绘制植物图案；然后使用椭圆工具和路径文字工具制作产品标志；接着使用多种文字工具制作产品包装上的多组文字；最后利用自由变换工具制作立体效果，如图 7-31 所示。

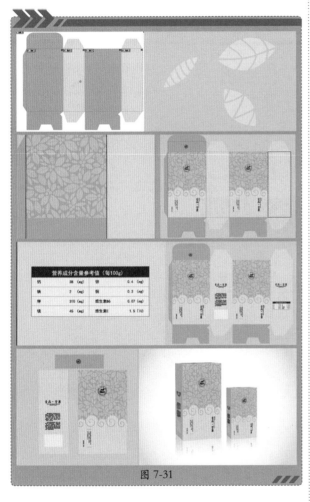

图 7-31

▶ 技术要点

☆ 使用路径文字工具制作标志中的环形文字。
☆ 使用钢笔工具以及复制粘贴命令制作背景图案。
☆ 使用直排文字工具制作产品文字。
☆ 使用螺旋线工具与路径查找器制作传统花纹。

▶ 操作步骤

1. 制作包装的刀板图

步骤 01 执行菜单"文件"→"新建"命令，在弹出的"新建文档"对话框中设置"宽度"为 150mm、"高度"为 250mm、"方向"为纵向，参数设置如图 7-32 所示。设置完成后单击"确定"按钮，新建文档如图 7-33

所示。

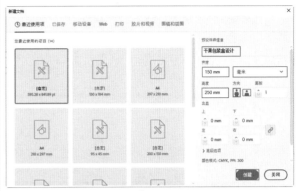

图 7-32

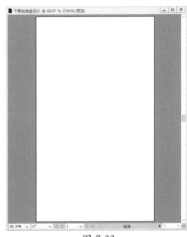

图 7-33

步骤 02 接下来新建画板。选择工具箱中的画板工具 ⅃，在"画板 1"的右侧绘制画板，在控制栏中设置其"宽"为 90mm、"高"为 250mm，如图 7-34 所示。选择"画板 1"，单击控制栏中的"新建画板"按钮 ⊡，然后将光标移动到"画板 2"的右侧，单击即可新建"画板 3"，如图 7-35 所示。

图 7-34

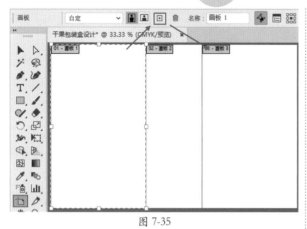

图 7-35

步骤 03 使用同样的方法新建"画板4",该画板与"画板2"等大,如图7-36所示。

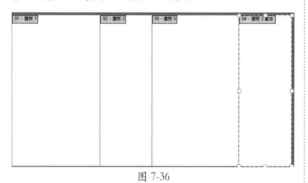

图 7-36

步骤 04 选择工具箱中的矩形工具▢,设置"填充"为黄绿色、"描边"为无,然后绘制一个与"画板1"等大的矩形,如图7-37所示。继续使用矩形工具在其上方绘制另外一个矩形,如图7-38所示。

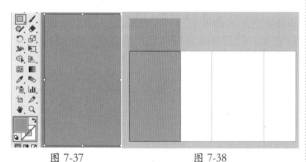

图 7-37   图 7-38

步骤 05 选择工具箱中的圆角矩形工具▢,在画面中单击,在弹出的"圆角矩形"对话框中设置"宽度"为150mm、"高度"为60mm、"圆角半径"为14mm,如图7-39所示。设置完成后单击"确定"按钮,圆角矩形如图7-40所示。

步骤 06 在圆角矩形上方绘制一个矩形,如图7-41所示。将这两个图形框选,执行菜单"窗口"→"路径查找器"命令,在打开的"路径查找器"面板中单

击"减去顶层"按钮▢,得到一个新图形,如图7-42所示。

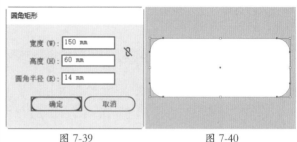

图 7-39   图 7-40

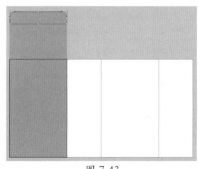

图 7-41   图 7-42

步骤 07 将这个图形移动到相应位置,并填充相同的颜色,如图7-43所示。

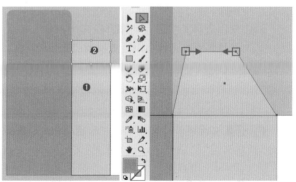

图 7-43

步骤 08 在"画板2"中绘制一个与画板等大的矩形,然后填充奶黄色,如图7-44所示。选择工具箱中的直接选择工具▷,拖曳锚点,将矩形调整为不规则的四边形,如图7-45所示。

图 7-44   图 7-45

步骤 09 选择该四边形，执行菜单"对象"→"变换"→"镜像"命令，在弹出的"镜像"对话框中设置"轴"为"水平"，单击"复制"按钮，如图 7-46 所示。将复制的图形移动到合适位置，如图 7-47 所示。

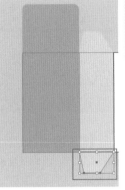

图 7-46　　　　　　　　图 7-47

步骤 10 再次在包装的最左侧绘制一个矩形并将其变形，效果如图 7-48 所示。

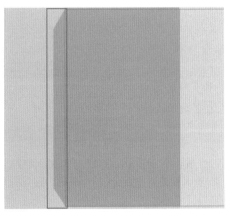

图 7-48

步骤 11 在"画板 1"的下方绘制一个矩形，如图 7-49 所示。使用添加锚点工具 ✎ 在右上角位置添加两个锚点。选中锚点，单击控制栏中的"将所需锚点转换为尖角"按钮 ↖，将平滑点转化为角点，如图 7-50 所示。

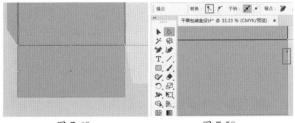

图 7-49　　　　　　　　图 7-50

步骤 12 调整锚点位置改变形状，如图 7-51 所示。继续添加锚点，改变形状，最终效果如图 7-52 所示。

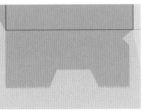

图 7-51　　　　　　　　图 7-52

步骤 13 将制作好的图形复制一份放置在"画板3""画板 4"中，如图 7-53 所示。

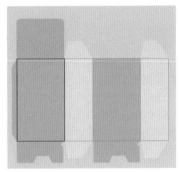

图 7-53

2. 制作包装的图案

步骤 01 包装上的图案是由很多小元素构成的，首先制作叶子图案。选择工具箱中的钢笔工具 ✎，设置"填充"为黄色、"描边"为无，绘制叶子的轮廓，如图 7-54 所示。选择工具箱中的斑点画笔工具 ✎，绘制叶脉的图形，如图 7-55 所示。

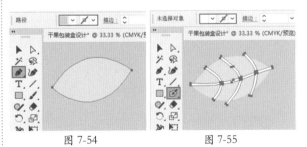

图 7-54　　　　　　　　图 7-55

软件操作小贴士

斑点画笔工具的使用

使用斑点画笔工具绘制的是填充效果，当在相邻的两个用斑点画笔工具绘制的图形之间进行连接绘制时，可以将两个图形连接为一个图形。若要对斑点画笔工具进行设置，可以双击"斑点画笔工具"按钮，在打开的"斑点画笔工具选项"对话框中调整参数，如图 7-56 所示。

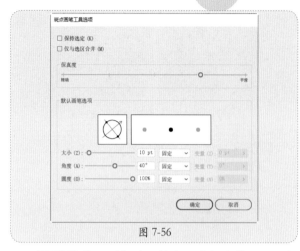

图 7-56

步骤 02 将图形框选，单击"路径查找器"面板中的"减去顶层"按钮，如图 7-57 所示。得到叶子的效果，如图 7-58 所示。使用同样的方法制作另外几种形态的叶子，效果如图 7-59 所示。

图 7-57　　　　　　　　图 7-58

图 7-59

步骤 03 调整叶子的位置，然后在中间的位置绘制正圆，效果如图 7-60 所示。按住 Alt 键的同时按住鼠标左键并拖曳，移动复制出多组图案。制作完成后选中这些花纹，使用快捷键 Ctrl+G 将其编组，如图 7-61 所示。

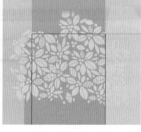

图 7-60　　　　　　　　图 7-61

步骤 04 在花纹上绘制一个矩形，如图 7-62 所示。将矩形和下层花纹加选，执行菜单"对象"→"剪切蒙版"→"建立"命令，建立剪切蒙版，效果如图 7-63 所示。

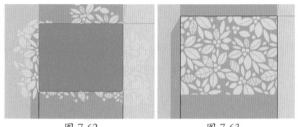

图 7-62　　　　　　　　图 7-63

步骤 05 选择制作好的花纹，在控制栏中设置"不透明度"为 50%，效果如图 7-64 所示。使用矩形工具在版面下半部分绘制一个矩形，如图 7-65 所示。

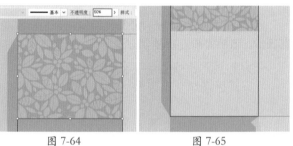

图 7-64　　　　　　　　图 7-65

步骤 06 选择工具箱中的螺旋线工具，在控制栏中设置描边"粗细"为 5pt。在画面中单击，在弹出的"螺旋线"对话框中设置"半径"为 12mm、"衰减"为 75%、"段数"为 6、"样式"为，参数设置如图 7-66 所示。设置完成后单击"确定"按钮，螺旋线效果如图 7-67 所示。

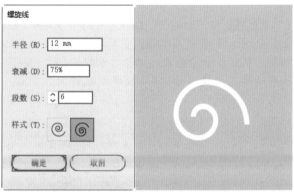

图 7-66　　　　　　　　图 7-67

步骤 07 复制螺旋线，然后调整其大小并放置在合适位置，如图 7-68 所示。将螺旋线加选，然后执行菜单"对象"→"扩展"命令，将描边转换为形状，如图 7-69 所示。

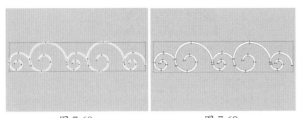

图 7-68　　　　　　　图 7-69

步骤08 打开"路径查找器"面板，单击"分割"按钮，将图形进行分割。使用快捷键 Ctrl+Shift+G 将图形取消编组，然后将多余的图形选中，按 Delete 键删除，图 7-70 所示为需要删除的图形。删除操作完成后将螺旋线框选，单击"路径查找器"面板中的"联集"按钮，此时螺旋线就成为一个图形，如图 7-71 所示。

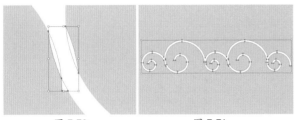

图 7-70　　　　　　　图 7-71

步骤09 将螺旋线移动到矩形上，然后调整其大小。接着加选两个形状，单击"路径查找器"面板中的"减去顶层"按钮，效果如图 7-72 所示。选择该图形，使用快捷键 Ctrl+Shift+G 将图形取消编组，然后将上方不需要的图形选中并删除，效果如图 7-73 所示。

图 7-72　　　　　　　图 7-73

步骤10 接下来制作包装的标志。选择工具箱中的椭圆工具，在控制栏中设置"填充"为奶黄色、"描边"为褐色、"描边粗细"为 0.5pt，然后按住 Shift 键绘制一个正圆，如图 7-74 所示。将正圆选中，使用快捷键 Ctrl+C 进行复制，然后使用快捷键 Ctrl+F 将其贴在前面，接着按住 Shift+Alt 键进行缩放，效果如图 7-75 所示。

步骤11 打开素材"1.ai"，将图形素材粘贴到本文档内，放置在圆形的中心，如图 7-76 所示。

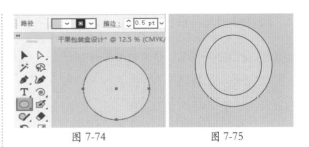

图 7-74　　　　　　　图 7-75

图 7-76

步骤12 下面制作环形的路径文字。首先绘制一个正圆，接着选择工具箱中的路径文字工具，设置合适的字体、字号，接着在路径上单击，如图 7-77 所示。输入相应的文字，如图 7-78 所示。使用同样的方式制作英文部分，效果如图 7-79 所示。

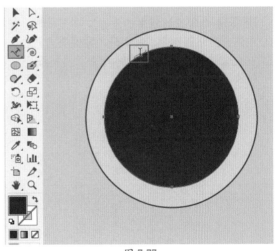

图 7-77

图 7-78　　　　　　　图 7-79

步骤13 将标志移动到包装的上方，然后调整其大小，效果如图 7-80 所示。将标志复制一份并放置在盒盖处，然后进行缩放，效果如图 7-81 所示。

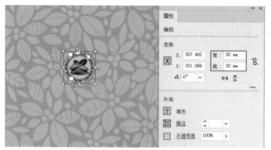

图 7-80

图 7-81

步骤14 选择工具箱中的直排文字工具，在控制栏中选择合适的字体以及字号，设置填充颜色为棕色，在包装的右下角单击并输入文字，如图 7-82 所示。继续使用直排文字工具输入其他文字，如图 7-83 所示。

图 7-82

图 7-83

平面设计小贴士

文字为什么竖向排列

通常情况下，在包装设计中，若其高度较高、宽度较窄时，且在小块的色块页面中，大多会选择竖向排列，与整个形象相融合。若选择横向排列，拉伸感则不够强烈。同时，中国古代汉字的书写方式也是竖向排列，所以在进行具有传统文化风格的包装设计时，此种方式采用较多。

步骤15 选择工具箱中的直线工具，设置"填充"为无、"描边"为褐色、"描边粗细"为 0.5pt，然后在相应位置绘制直线，如图 7-84 所示。将包装正面的花纹、标志及文字复制一份并移动到"画板 3"中，效果如图 7-85 所示。

图 7-84

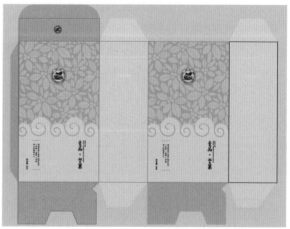

图 7-85

步骤16 使用文字工具在"画板 2"中输入文字，如图 7-86 所示。使用文字工具按住鼠标左键绘制一个文本框，如图 7-87 所示；然后在文本框内输入文字，如图 7-88 所示。

步骤17 在段落文字下方绘制一个矩形，作为条形码的预留位置，如图 7-89 所示。

图 7-86

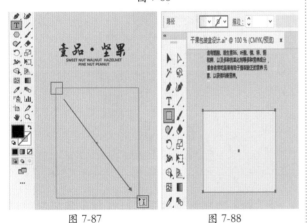

图 7-87　　　　　　图 7-88

图 7-89

步骤18 接下来制作侧面的营养成分表。在文字下方绘制一个"宽"为70mm、"高"为30mm的矩形,并填充为浅卡其色,如图7-90所示。在矩形上绘制一个"宽"为70mm、"高"为6mm的矩形并填充为褐色,如图7-91所示。

步骤19 继续使用矩形工具,在控制栏中设置"填充"为无、"描边"为褐色、"描边粗细"为0.2pt、在褐色矩形下方绘制一个矩形,如图7-92所示。选择工具箱中的直线段工具,在控制栏中设置"填充"

为无、"颜色"为褐色、"描边"为0.2pt,然后在矩形内绘制一条直线段作为分隔线,如图7-93所示。

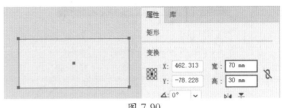

图 7-90

图 7-91

图 7-92

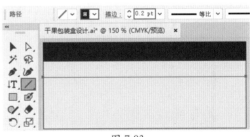

图 7-93

步骤20 使用同样的方法继续绘制其他几条直线段,制作出产品营养成分表格,如图7-94所示。使用文字工具输入相应的文字,效果如图7-95所示。

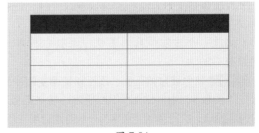

图 7-94

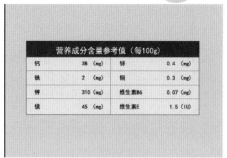

图 7-95

步骤 21 此时包装的平面图制作完成，效果如图 7-96 所示。

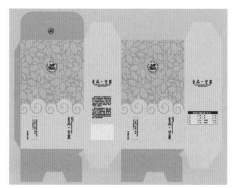

图 7-96

3. 制作包装的展示效果

步骤 01 新建"画板 5"，设置其"宽"为 540mm、"高"为 390mm，如图 7-97 所示。

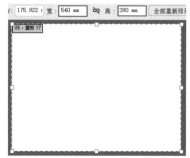

图 7-97

步骤 02 使用矩形工具绘制一个与画板等大的矩形，然后选择该矩形，执行菜单"窗口"→"渐变"命令，在打开的"渐变"面板中设置"类型"为"径向"，编辑一个浅灰色系的渐变，如图 7-98 所示。效果如图 7-99 所示。

步骤 03 将包装盒的正面、顶面和侧面复制一份，放置在"画板 4"中，如图 7-100 所示。将"画板 4"中的内容框选，执行菜单"文字"→"创建轮廓"命令，将文字创建轮廓。

图 7-98 　　　　　　　图 7-99

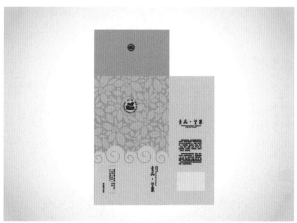

图 7-100

步骤 04 选择包装的正面，选择工具箱中的自由变换工具，然后选择自由扭曲工具，对包装的正面进行变形，如图 7-101 所示。使用同样的方法制作包装的侧面及顶面，效果如图 7-102 所示。

图 7-101

步骤 05 降低包装侧面的亮度。选择工具箱中的钢笔工具，设置"填充"为深褐色、"描边"为无，然后在包装的侧面绘制形状，如图 7-103 所示。选择该图形，执行菜单"窗口"→"透明度"命令，在"透明度"面板中设置"混合模式"为"正片叠底"、"不透明度"为 20%，效果如图 7-104 所示。

图 7-102

图 7-103

图 7-104

步骤 06 下面开始制作包装转角处的光泽。选择包装的正面，然后执行菜单"效果"→"风格化"→"内发光"命令，在打开的"内发光"对话框中设置"模式"为"滤色"、"颜色"为白色、"不透明度"为 75%、"模糊"为 1mm，选中"边缘"单选按钮，参数设置如图 7-105 所示。设置完成后单击"确定"按钮，效果如图 7-106 所示。

步骤 07 继续为包装的侧面、顶面添加"内发光"效果，如图 7-107 所示。

图 7-105

图 7-106

图 7-107

步骤 08 为包装添加倒影效果。首先将包装的正面复制一份并垂直翻转，然后使用自由变形工具进行变形，如图 7-108 所示。接着使用矩形工具绘制一个矩形并填充由白色到黑色的渐变，如图 7-109 所示。

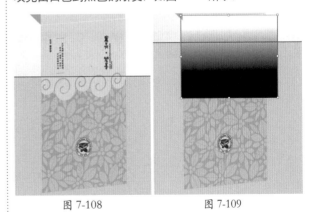

图 7-108　　　　　　　图 7-109

步骤 09 将包装的正面图和矩形加选，然后单击"透明度"面板中的"制作蒙版"按钮，如图 7-110 所示。投影效果如图 7 111 所示。

图 7-110

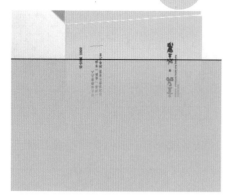

图 7-111

步骤 10 将投影选中，设置"不透明度"为 20%，效果如图 7-112 所示。使用同样的方法制作包装侧面的投影，效果如图 7-113 所示。

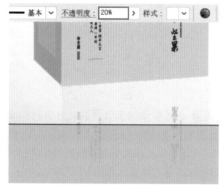

图 7-112

图 7-113

步骤 11 将包装及其投影框选，然后复制一份并将其缩放，摆放在右侧，最终效果如图 7-114 所示。

图 7-114

7.3 商业案例：化妆品包装设计

7.3.1 设计思路

▶ **案例类型**

本案例是一款化妆品包装设计项目。

▶ **项目诉求**

这款化妆品以某种珍稀植物提取物为主要原材料，主打植物护肤、草本养肤的理念，面向爱美的年轻女性消费群体。因此要以展现产品特点为主，并结合女性消费特性以及心理需求，打造出易于被消费者接受的产品包装，如图 7-115 所示。

图 7-115

▶ **设计定位**

根据这款产品特征，本案例将包装整体风格定位为自然、简洁、雅致。产品主打珍稀植物提取，所以可将该植物作为主体物呈现在包装上。为了符合包装整体风格，植物以水彩画感的效果呈现。相对于实拍的照片，绘画虽然丧失了部分的真实感，但也正是这种介于真实与虚幻之间的表现形式，更容易营造出与众不同的意蕴，如图 7-116 所示。

图 7-116

7.3.2 配色方案

使用淡色作为主色调，一方面可以凸显产品特性，另一方面能瞬间拉近与受众距离，获取信赖感。包装中使用到的颜色全部来源于作为包装主体的水彩植物图像，这是最便捷、也是给人最直观感受的配色方式。花蕊的橙色以及花瓣的颜色，这两种颜色都比较淡雅，与产品调性十分吻合。

▶ **主色**

由于水彩植物的色彩是特定的，所以可尝试从中选取色彩。水彩植物上比较浓郁的色彩一个是花蕊处的橙色，另一种是茎叶上的深绿色。橙色偏暖，深绿色则有些偏冷。暖色更容易拉近与消费者的心理距离，所以此处选择了橙色作为主色。这种颜色主要应用在顶部产品名称以及底部的装饰图形中，如图 7-117 所示。

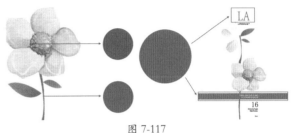

图 7-117

▶ **辅助色**

产品包装上的水彩植物图像上，主色橙色所占的比例并不是很大，花瓣中淡淡的黄色占据了较大的面积。不同明度与纯度的橙色对比，统一中又不失层次感，如图 7-118 所示。

图 7-118

▶ **点缀色**

水彩植物图像中的绿色，作为点缀色出现，较好地调和了画面中过多的"温暖"感。使由暖色构成的包装不至于显得过于"燥热"，如图 7-119 所示。

图 7-119

▶ **其他配色方案**

用高明度的橙色替换白色作为包装的背景色，以橙色温暖、柔和的色彩特征，凸显产品温和护肤的特性，如图 7-120 所示。

提到天然、纯净，总会让人联想到绿色，其也是化妆品中常用的颜色。将绿色运用到包装中，能够较好地迎合受众心理需求，如图 7-121 所示。

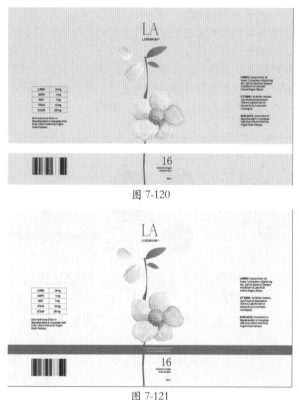

图 7-120

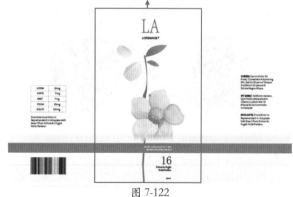

图 7-121

7.3.3 版面构图

在进行包装设计时，要考虑到包装的立体结构，以及展开之后的形态。例如圆柱形瓶，将包装展开为平面时成为较宽的矩形，布置画面元素时要考虑圆柱体展示在消费者面前的区域范围，如图 7-122 所示。

包装正面展示区域

图 7-122

本案例包装中的主要元素为水彩植物，为配合该元素的形态，包装采用中轴型构图方式，将主要元素在版面中间部位呈现，标志放在顶部，更加醒目，如

图 7-123 所示。

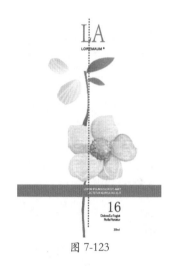

图 7-123

7.3.4 同类作品欣赏

7.3.5 项目实战

▶ 制作流程

本案例首先使用钢笔工具绘制植物的枝条和叶片，然后添加效果制作植物上的纹理。接着添加文字和表格并进行排版，最后制作产品的立体展示效果，如图 7-124 所示。

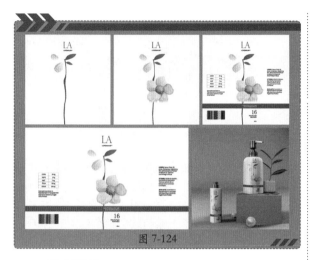

图 7-124

▶ 技术要点

☆ 使用钢笔工具绘制植物的枝条和叶片。
☆ 通过"效果"滤镜为植物添加纹理。
☆ 使用矩形网格工具制作表格。

▶ 操作步骤

1. 制作包装平面图

步骤01 新建一个"宽度"和"高度"均为 15cm 的空白文档，如图 7-125 所示。

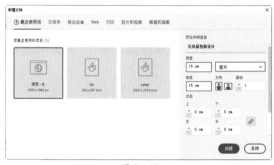

图 7-125

步骤02 选择工具箱中的矩形工具▣，在控制栏中设置"填充"为白色、"描边"为无，设置完成后绘制一个与画板等大的矩形，如图 7-126 所示。

图 7-126

步骤03 制作标志。选择工具箱中的文字工具▧，在版面顶部输入文字，然后在控制栏中设置"填充"为橘色，"描边"为无，同时设置合适的字体、字号，如图 7-127 所示。

图 7-127

步骤04 继续使用文字工具在标志文字下方输入文字，如图 7-128 所示。

图 7-128

步骤05 接着在文字选中状态下，在打开的"字符"面板中设置"行间距"为 20，将文字之间的距离适当拉大，如图 7-129 所示。

图 7-129

步骤06 接着使用文字工具在副标题文字右上角添加商标标识，此时品牌标志制作完成，如图 7-130 所示。

LOREMAUM ®

图 7-130

步骤 07 添加花朵图形。从案例效果中可以看出，花朵由枝干、花瓣、花叶组成，首先制作枝干。选择工具箱中的钢笔工具 ✐，在控制栏中设置"填充"为深绿色、"描边"为无，设置完成后在版面中间部位绘制图形，如图 7-131 所示。

图 7-131

步骤 08 选择工具箱中的钢笔工具 ✐，在控制栏中设置"填充"为无、"描边"为橄榄绿色、"描边粗细"1pt。设置完成后在枝干中间部位绘制图形，如图 7-132 所示。

步骤 09 使用同样的方法，在已有图形上继续绘制图形，如图 7-133 所示。

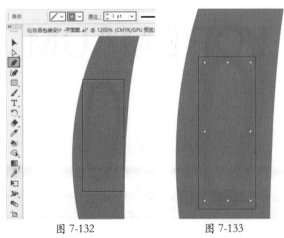

图 7-132   图 7-133

步骤 10 绘制花瓣。选择工具箱中的钢笔工具 ✐，在控制栏中设置"描边"为无，设置完成后在枝干左侧绘制图形，如图 7-134 所示。

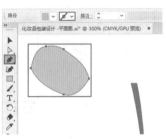

图 7-134

步骤 11 为花瓣填充渐变色。将绘制完成的花瓣选中，执行菜单"窗口"→"渐变"命令，在打开的"渐变"面板中设置"类型"为"线性"、"角度"为 -73°，设置完成后编辑一个黄色系的渐变，如图 7-135 所示。

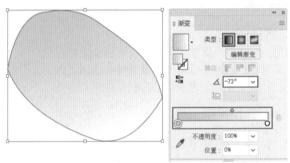

图 7-135

步骤 12 选择工具箱中的画笔工具 ✐，在控制栏中设置"填充"为无、"描边"为浅灰色、"描边粗细"为 0.5pt、"画笔"为"5 点圆形"、"不透明度"为 76%，设置完成后在渐变花瓣上方绘制曲线，如图 7-136 所示。

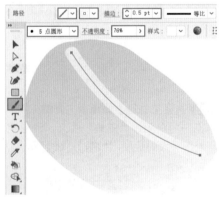

图 7-136

步骤 13 继续使用"画笔工具"在渐变花瓣上绘制另外两条曲线，如图 7-137 所示。

步骤 14 使用同样的方法，制作另一片花瓣，如图 7-138 所示。

步骤 15 制作叶子。继续使用钢笔工具，在选项栏中设置"描边"为无，设置完成后在枝干右侧绘制叶子图形，如图 7-139 所示。

图 7-137

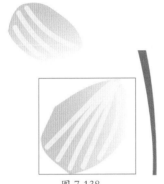

图 7-138

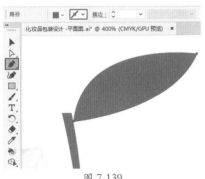

图 7-139

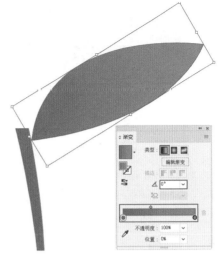

图 7-140

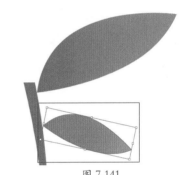

图 7-141

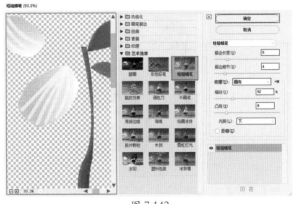

图 7-142

步骤 16 为叶子填充渐变色。将绿叶选中，在打开的"渐变"面板中设置"类型"为"线性"、"角度"为 0°。设置完成后编辑一个由绿色到橘色的渐变，如图 7-140 所示。

步骤 17 使用同样的方法，制作另外一片渐变绿叶，放置在已有绿色下方位置。将构成整个花朵图形的所有图形选中，使用快捷键 Ctrl+G 进行编组，如图 7-141 所示。

步骤 18 为花朵图形添加纹理，增强质感。执行菜单"效果"→"艺术效果"→"粗糙蜡笔"命令，在弹出的"粗糙蜡笔"对话框中设置"描边长度"为 8、"描边细节"为 4、"纹理"为"画布"、"缩放"为 92%、"凸现"为 9、"光照"为"下"，设置完成后单击"确定"按钮，如图 7-142 所示。

步骤 19 执行菜单"效果"→"素描"→"水彩画纸"命令，在弹出的"水彩画纸"对话框中设置"纤维长度"为 15、"亮度"为 55、"对比度"为 70，设置完成后单击"确定"按钮，如图 7-143 所示。

步骤 20 执行菜单"效果"→"纹理"→"纹理化"命令，在弹出的"纹理化"对话框中设置"纹理"为"画布"，"缩放"为 89%、"凸现"为 4、"光照"为"上"，设置完成后单击"确定"按钮，如图 7-144 所示。

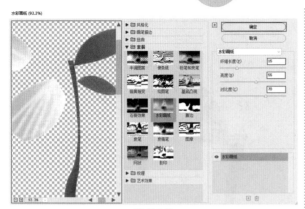

图 7-143

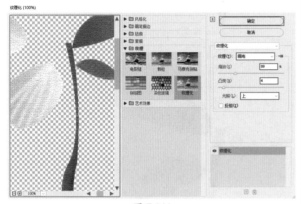

图 7-144

步骤 21 此时图形效果如图 7-145 所示。

图 7-145

步骤 22 将素材"1.ai"打开，将其中的花朵素材选中，使用快捷键 Ctrl+C 复制一份。然后返回到当前操作文档，使用快捷键 Ctrl+V 进行粘贴。将其适当放大后，放置在已有花朵图形状下部位，如图 7-146 所示。

步骤 23 绘制产品成分表。选择工具箱中的矩形网格工具▦，在文档空白位置单击，在弹出的"矩形网格工具选项"对话框中设置"宽度"为 30mm、"高度"为 22mm、"水平分割线"数量为 4、"垂直分割线"数量为 1，设置完成后单击"确定"按钮，如图 7-147 所示。

步骤 24 使用选择工具选中矩形网格，在控制栏

中设置"填充"为无、"描边"为黑色、"描边粗细"为 0.3pt，并将其移动至花朵素材左侧位置，如图 7-148 所示。

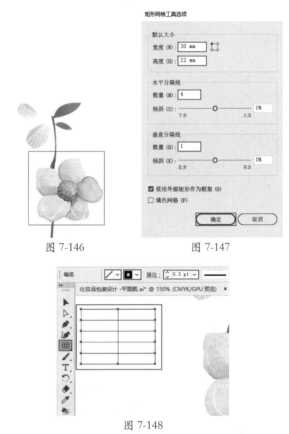

图 7-146   图 7-147

图 7-148

步骤 25 在矩形网格内部添加文字。选择工具箱中的文字工具▥，在第一个网格中输入文字。然后在控制栏中设置"填充"为黑色、"描边"为无，同时设置合适的字体、字号，如图 7-149 所示。

图 7-149

步骤 26 调整文字的字间距以及字母大小写样式。将文字选中，在打开的"字符"面板中设置"字间距"为 -60，并单击"全部大写字母"按钮，将文字字母全部设置为大写形式，如图 7-150 所示。

步骤 27 继续使用文字工具在其他单元格中输入文字，如图 7-151 所示。

图 7-150

LOREM	24 mg
ADIPIS	5 mg
AMET	7 mg
IPSUM	63 mg
DOLOR	180 mg

图 7-151

步骤28 添加段落文字。选择工具箱中的文字工具，在表格下方绘制文本框，完成后输入合适的文字。然后在控制栏中设置"填充"为黑色、"描边"为无，同时设置合适的字体、字号，"对齐方式"为"左对齐"，如图 7-152 所示。

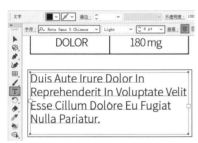

图 7-152

步骤29 继续使用文字工具在花朵右侧绘制文本框，并输入合适的段落文字。然后在控制栏中设置合适的填充颜色、字体、字号，同时在"字符"面板中对文字形态进行调整，如图 7-153 所示。

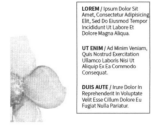

图 7-153

步骤30 绘制矩形。选择工具箱中的矩形工具，在控制栏中设置"填充"为橙色、"描边"为无，设置完成后在底部花朵素材下方绘制一个长条矩形，如图 7-154 所示。

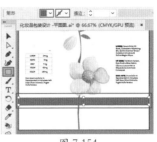

图 7-154

步骤31 继续使用文字工具在橙色矩形中间和其下方输入合适的文字，如图 7-155 所示。

图 7-155

步骤32 将条码素材"3.png"置入，调整大小后放在版面左下角位置，此时第一款化妆品包装的平面图制作完成，如图 7-156 所示。

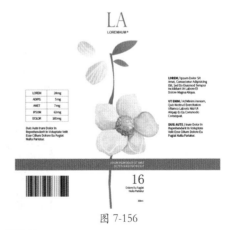

图 7-156

步骤33 第二款产品的包装平面图内容没有变化，区别在于平面图的宽度。选择画板工具，单击控制栏的"新建画板"按钮，在右侧得到一个画板，并在选项栏中设置宽度为 250mm，如图 7-157 所示。

步骤34 将制作完成的平面图所有对象选中，复制一份放置在右侧位置。接着将背景和橙色矩形适当加宽，然后对文字对象进行大小与位置的调整，如图 7-158 所示。

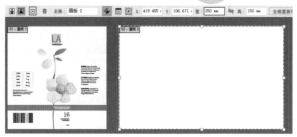

图 7-157

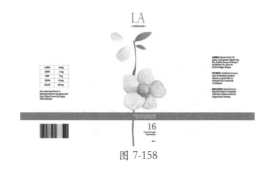

图 7-158

2. 制作立体展示效果

步骤 01 将化妆品包装素材"2.jpg"置入，调整大小并放置在文档右侧位置，如图 7-159 所示。

步骤 02 首先制作左侧立体包装展示效果。选择工具箱中的钢笔工具，在控制栏中设置"填充"为黑色、"描边"为无，设置完成后绘制出左侧立体瓶身的轮廓，如图 7-160 所示。

图 7-161

图 7-162

步骤 05 将平面图选中，在打开的"透明度"面板中设置"混合模式"为"正片叠底"，如图 7-163 所示。

步骤 06 使用同样的方法，制作右侧的包装立体展示。此时两种不同的化妆品包装制作完成，如图 7-164 所示。

图 7-159

图 7-160

步骤 03 接着将版面最左侧平面图的所有对象选中，使用快捷键 Ctrl+G 进行编组。将编组图形复制一份并放置在黑色轮廓图下方，将其适当缩小，如图 7-161 所示。

步骤 04 将黑色图形和平面图选中，使用快捷键 Ctrl+7 创建剪切蒙版，将平面图不需要的部分隐藏，如图 7-162 所示。

图 7-163

图 7-164

7.4 商业案例：电子产品包装设计

本案例是电子产品包装设计项目。有关本案例的设计思路、配色方案、版面构图、同类作品欣赏以及项目实践的内容通过扫描右侧的二维码下载后进行学习。

7.5 优秀作品欣赏

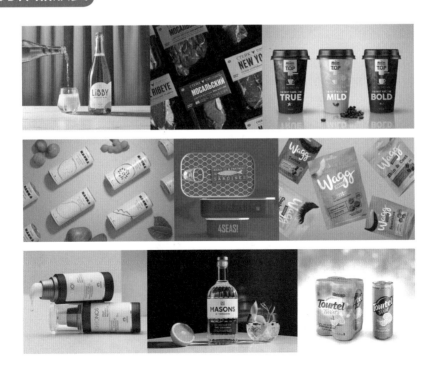

第 8 章　网页设计

随着以计算机技术为支撑的互联网的迅速发展和普及，网页设计也逐步脱离了传统广告设计的范畴，形成特殊而独立的体系。本章主要从网页的含义、网页的组成、网页的常见布局、网页安全色等方面来学习网页设计。

8.1　网页设计概述

网页设计相比于传统的平面设计而言，更为复杂，所涵盖的内容更为丰富。网页设计是根据对浏览者传递信息的需要进行网站功能策划的一项工作。对于设计师而言，网页设计就是对图片、文字、色彩、样式进行美化，实现完美的视觉体验。网页设计不仅仅是将各种信息合理地摆放，还要考虑受众如何在视觉享受中更多、更有效地接受网页上的信息。

8.1.1　网页的含义

网页是承载各种网站应用的页面，用以传播各种信息。网页由文字、图片、动画、音乐、程序等多种元素构成。网页设计分为形式与功能两部分，是两个不同领域的工作。功能上的设计是程序员、网站策划等人员的工作；形式上的设计主要就是平面设计师的职责，主要包括编排文字、图片、色彩搭配、美化整个页面，形成视觉上的美感。本章涉及的主要是网页形式上的设计，也常称为网页美工设计，如图 8-1 所示。

8.1.2　网页的组成

网页的基本组成部分包括网站标题、网站标志、网页页眉、网页导航、网页的主体部分、网页页脚等。

网站标题：网站标题即网站的名称，也就是对网页内容的高度概括，一般使用品牌名称等以帮助搜索者快速辨认网站。网页标题要尽量简单明了，其长度一般不超过 32 个汉字，如图 8-2 所示。

图 8-1

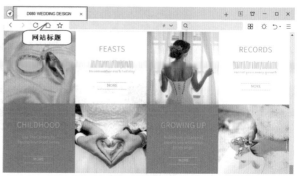

图 8-2

网站标志：网站标志即网站的 Logo、商标，是互联网上各个网站用来链接其他网站的图形标志。网站标志方便了受众选择，也是网站形象的重要体现，如图 8-3 所示。

图 8-3

网页页眉：网页页眉位于页面顶部，常用来展示网站标志或网站标题，如图 8-4 所示。

图 8-4

网页导航：网页导航是为用户浏览网页提供提示的系统，用户可以通过单击导航栏中的按钮快速访问某一个网页，如图 8-5 所示。

图 8-5

网页的主体部分：网页的主体部分即网页的主要内容，包括图形、文字、内容提要等，如图 8-6 所示。

网页页脚：网页页脚位于页面底部，通常包括联系方式、友情链接、备案信息等，如图 8-7 所示。

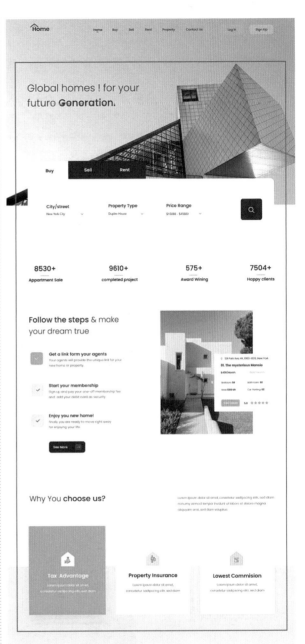

图 8-6

隐私政策 | 条款 | 京ICP备██████号 | 京公安备████████号

图 8-7

8.1.3 网页的常见布局

网页布局在网页设计中占有重要地位。过于繁复杂乱的布局会造成视觉的混乱，一个合理舒适的网页不仅可以带来一种视觉享受，也能带来心理上的舒适感。网页的常见布局有卡片式布局、分屏式布局、大标题布局、封面型布局、F型结构布局、倾斜型布局、中轴型布局、网格式布局等类型。下面我们来逐一进行了解。

卡片式布局：卡片式布局是由一个一个像卡片一样的单元组成。卡片式布局分为两种，一种是每个卡片的尺寸都相同，排列整齐标准。另一种是卡片的尺寸不同，卡片的排列没有固定的排序。这种布局方式常用于有大量内容需要展示的网页，如图8-8所示。

图 8-8

分屏式布局：分屏式布局将版面分为左右两个部分，分别安排图片和文字。分割的面积能够体现信息的主次关系，而且分隔线还具有引导用户视线的作用，如图8-9所示。

图 8-9

大标题布局：大标题布局是将标题字号放大、字体加粗，这样能够增加文字的可读性，还可以通过图片和色彩辅助增加视觉冲击力，如图8-10所示。

封面型布局：封面型网页常见于网站首页，即利用一些精美的平面设计，布置一些小的动画，放上几个简单的链接后形成的页面。这种类型的布局多用于

企业网站和个人主页，如图8-11所示。

图 8-10

图 8-11

F型结构布局：F型结构布局即页面最上方为横条网站标志和广告条，左下方为主菜单，右侧显示内容。此结构符合人类从左到右、从上到下的阅读习惯，如图8-12所示。

图 8-12

倾斜型布局：倾斜型布局可以为版面营造出强烈的动感和不稳定感，使画面具有更强的律动性，如图 8-13 所示。

图 8-13

中轴型布局：中轴型布局是将图片摆放在画面中轴的位置，在页面滚动的过程中，视线能始终停留在中轴上，这种构图方式能够始终突出主体，还能够增加视觉冲击力，如图 8-14 所示。

图 8-14

网格式布局：当网站中图片多、内容杂的时候可以选择网格式布局。网格式布局是通过使用大小不同的网格来表达内容，这样不仅条理清晰，内容有序，还能够提升用户体验，方便用户操作、使用，如图 8-15 所示。

图 8-15

8.1.4 网页安全色

网页安全色即各种网络浏览器无偏差输出的色彩集合，216 种网页安全色能使任何浏览用户显示器上显现相同的效果。众所周知，不同的显示器在颜色显现方面会有所不同，即使是相同的文件，在不同的显示器上，也会由于操作系统、显卡或浏览器的不同，产生一定的颜色偏差。尽管目前大部分显示器都可以支持数以万计的颜色，但是在页面的文字区域或背景颜色区域，还是非常需要 216 种网页安全色的。

在使用 Photoshop、Illustrator 等制图软件进行网页设计制作时，也需要注意安全色的选取。例如在使用"拾色器"进行颜色的选取时，如果出现了⬢图标，就表示当前所选的颜色并非"Web 安全色"，单击该按钮会自动切换为相似的安全色，如图 8-16 所示。所以在选择颜色时，可以首先选中拾色器底部的"仅限 Web 颜色"复选框，此时可选择的颜色均为安全色，如图 8-17 所示。

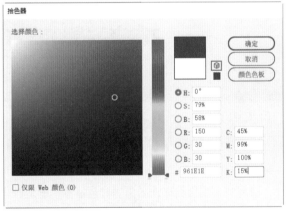

图 8-16

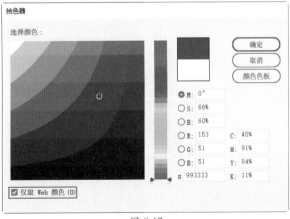

图 8-17

8.2 商业案例：数码产品购物网站设计

8.2.1 设计思路

▶ 案例类型

本案例是一款数码产品购物网站的网页设计项目。

▶ 项目诉求

该网站以销售数码产品为主，包括多种类型数码产品。数码产品售价不菲，属于高端产品。网页要体现出产品高端的属性，同时又要能较快地引起消费者的购买欲望，如图 8-18 所示。

图 8-18

▶ 设计定位

根据网站所宣传产品的定位，网站页面既要营造

高端的氛围，烘托产品的高端属性；同时也不宜过分张扬，要保留内敛之感，就像华贵的珠宝不一定有过于繁复的色彩一般，如图 8-19 所示。

图 8-19

8.2.2 配色方案

数码产品购物网站应给人以科技感、权威感、稳重感，所以本案例采用一张创意摄影作品并搭配低调而奢华的咖啡色，既保留了创意摄影作品的幽默感，又有高端大气之感。

▶ 主色

由于数码相机类产品是较为精致、低调、有内涵的科技产品，所以本案例从咖啡中提取了低明度咖啡色，以显现出一定的质感和品位，如图 8-20 所示。

图 8-20

▶ 辅助色

整个页面以低调奢华的低明度咖啡色为主，辅助高明度的金灰色。这两种颜色为邻近色，二者的结合更显融洽，主次也更加分明，如图 8-21 所示。

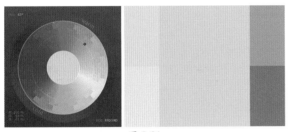

图 8-21

▶ 点缀色

点缀色选用亮丽热情的红色以及清脆伶俐的高明度青色，与低调高雅的咖啡色和金灰色进行对比，活跃了整个页面，使得作品更加妙趣横生，如图 8-22 所示。

图 8-22

图 8-22（续）

▶ 其他配色方案

提到数码产品，自然联想到科技感、未来感，具有代表性的颜色就是蓝色，如图 8-23 所示。使用灰色作为主色调也比较适合表现数码产品的专业性能，为了避免版面中出现过多的灰色而产生的枯燥感，可以在使用灰色时可适当赋予一些其他颜色的倾向，例如倾向于棕色的灰，如图 8-24 所示。

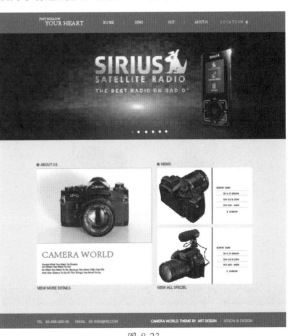

图 8-23

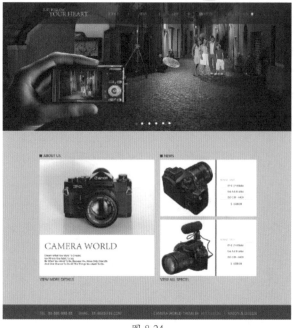

图 8-24

8.2.3 版面构图

整个页面主要分为三大模块。网页上部为网页导航栏和通栏广告；中部为网页的主体部分，即主要销售产品的图片、文字信息；下部为网页底栏。整个页面层次分明，有一定的秩序感，如图8-25所示。

图 8-25

除此之外，可以将主体部分进行变化，以三角形的方式排列，如图8-26所示；还可以一字形方式排列，以动态的形式进行展现，增添页面的互动性，如图8-27所示。

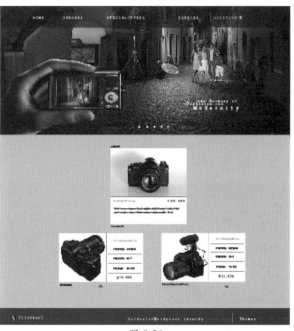

图 8-26

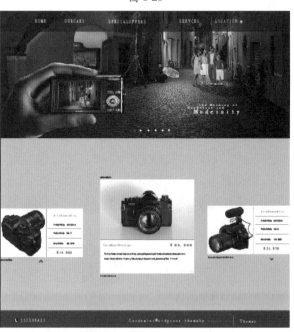

图 8-27

8.2.4 同类作品欣赏

8.2.5 项目实战

▶ 制作流程

本案例主要使用矩形工具绘制网页版面的各个部分，通过"置入"命令为页面添加位图素材，利用文字工具制作网站标志、导航文字、专栏文字以及底栏文字，如图 8-28 所示。

图 8-28

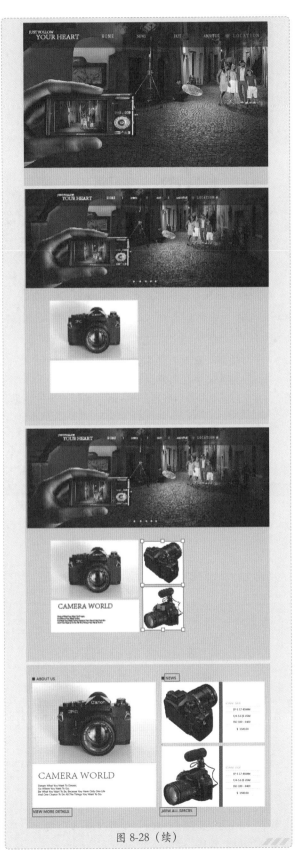

图 8-28（续）

图 8-28（续）

▶ 技术要点

☆ 使用"置入"命令置入位图素材。

☆ 使用文字工具在画面中添加文字。

☆ 使用"对齐与分布"功能制作均匀排列的图形。

▶ 操作步骤

步骤01 执行菜单"文件"→"新建"命令，在弹出的"新建文档"对话框中设置"单位"为"像素"、"宽度"为 1080px、"高度"为 1050px、"方向"为横向、"颜色模式"为"RGB 颜色"、"栅格效果"为"屏幕（72ppi）"，参数设置如图 8-29 所示，单击"创建"按钮完成操作，效果如图 8-30 所示。

图 8-30

图 8-31

图 8-29

步骤02 执行菜单"文件"→"置入"命令，置入素材"1.jpg"，单击控制栏中的"嵌入"按钮，完成素材的置入操作，如图 8-31 所示。

步骤03 选择工具箱中的矩形工具▢，绘制一个"宽度"为 1080px、"高度"为 426px 的矩形，如图 8-32 所示。得到的矩形如图 8-33 所示。

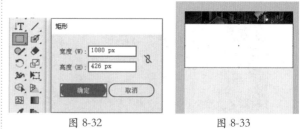

图 8-32　　　　　图 8-33

步骤04 将绘制的矩形放到素材图片上的合适位置，使用工具箱中的选择工具按住 Shift 键选择矩形和素材这两个对象，然后右击，在弹出的快捷菜单中选择"建立剪切蒙版"命令，此时超出矩形范围以外的图片部分被隐藏，如图 8-34 所示。选择工具箱中的矩形工具▢，在控制栏中设置"填充"为淡棕色、"描边"为无，然后在页面中部绘制一个矩形，如图 8-35

所示。

图 8-34

图 8-35

步骤 05 选择工具箱中的矩形工具 □，在控制栏中设置"填充"为棕色、"描边"为无，然后在页面顶部按住鼠标左键并拖动，绘制一个与页面宽度相同的矩形，如图 8-36 所示。执行菜单"窗口"→"透明度"命令，打开"透明度"面板，设置矩形的"不透明度"为 60%，制作出导航模块的底色，如图 8-37 所示。

图 8-36

图 8-37

步骤 06 制作网站标志以及导航文字。选择工具箱中的文字工具 T，在控制栏中选择合适的字体以及字号，设置"描边"为白色、"描边粗细"为 1pt，在导航栏左侧单击并输入网站标志文字，如图 8-38 所示。继续使用文字工具，设置不同的文字属性，添加导航栏上的按钮文字，如图 8-39 所示。

图 8-38

图 8-39

步骤 07 选择工具箱中的钢笔工具 ，在控制栏中设置"填充"为蓝色、"描边"为无，绘制一个水滴图形。使用椭圆工具在水滴图形上绘制一个白色的小圆形，如图 8-40 所示。

图 8-40

步骤 08 选择工具箱中的直线段工具 ，在控制栏中设置"填充"为无、"描边"为白色、"描边粗细"为 2pt，然后在导航文字之间绘制线条作为分隔线，如图 8-41 所示。

步骤09 选择工具箱中的椭圆工具 ⬭，在控制栏中选择"填充"为红色，然后在画板中单击，在弹出的"椭圆"对话框中设置"宽度"为 10mm、"高度"为 10mm，单击"确定"按钮，如图 8-42 所示。创建出的圆形摆放在图片底部，如图 8-43 所示。

图 8-41

图 8-42　　　　　图 8-43

步骤10 使用椭圆工具制作出另外 5 个白色的圆形，同样摆放在图片底部，如图 8-44 所示。将绘制的所有圆形选中，然后在控制栏中单击"垂直居中对齐"按钮和"水平居中分布"按钮，接着将排列整齐的 6 个圆形移动到画面中间，如图 8-45 所示。

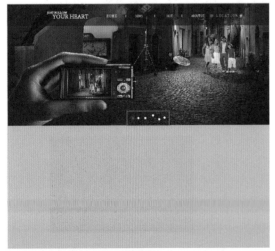

图 8-44

步骤11 执行菜单"文件"→"置入"命令，置入素材"2.jpg"，单击控制栏中的"嵌入"按钮，完成素材的置入操作，如图 8-46 所示。

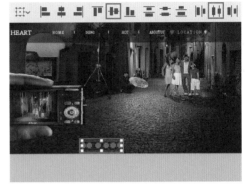

图 8-45

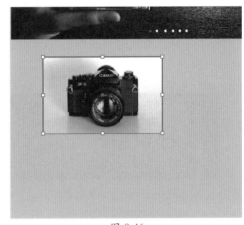

图 8-46

软件操作小贴士

素材的嵌入与链接

在文件中添加位图元素时，最方便的做法就是将位图素材直接拖曳到打开的 Illustrator 文件中，而添加到文档中的位图素材有嵌入和链接两种存在方式。默认情况下置入的位图素材以链接的形式存在，但是如果原始的图片素材被删除或者更改名称、移动位置，那么 Illustrator 文档中的该素材就会丢失，造成显示效果错误，所以置入位图素材后需要在控制栏中单击"嵌入"按钮，使之嵌入到文档中，这样即使原素材发生改变，文档也不会出现错误。

步骤12 选择工具箱中的矩形工具 ▭，在选项栏中设置"填充"为白色、"描边"为无，接着在画板中单击，弹出"矩形"对话框，设置"宽度"为 339mm、"高度"为 135mm，单击"确定"按钮，如图 8-47 所示。将绘制的矩形摆放在相机素材的下方，如图 8-48 所示。

绘制等大的白色矩形，如图 8-53 所示。

图 8-47　　　　　　图 8-48

步骤13 为这个模块添加文字信息。选择工具箱中的文字工具 **T**，在控制栏中选择合适的字体以及字号，输入两组相同颜色、不同大小的文字，如图 8-49 所示。

图 8-50

图 8-51　　　　　　图 8-52

图 8-49

平面设计小贴士

网页设计的字体选择

网页设计的字体具有一定的局限性。为了确保在不同浏览器上能正常显示，只能选择跨浏览器的通用字体。若选择那些不常用的装饰性字体，则会被系统默认字体代替，造成显示效果的差异。选择的网站设计字体不仅要考虑风格和可读性，还要考虑技术层面。

图 8-53

步骤17 为这两个模块分别添加文字信息。选择工具箱中的文字工具 **T**，在控制栏中选择合适的字体以及字号，输入三组不同颜色、不同大小的文字，如图 8-54 和图 8-55 所示。

步骤14 继续执行菜单"文件"→"置入"命令，置入素材"3.jpg"和"4.jpg"，单击控制栏中的"嵌入"按钮，如图 8-50 所示。

步骤15 选择工具箱中的直线段工具 **/**，在控制栏中设置"描边"为红色、"描边粗细"为11pt，然后在相机图片的右侧按住 Shift 键的同时按住鼠标左键拖动绘制一段直线作为分隔线，如图 8-51 所示。继续在下方绘制一段直线，如图 8-52 所示。

步骤16 选择工具箱中的矩形工具 **□**，在选项栏中设置"填充"为白色，在两个相机素材的右侧分别

图 8-54　　　　　　图 8-55

步骤18 选择工具箱中的直线段工具▱，在控制栏中设置"描边"为黑色、"描边粗细"为1pt，然后在画板中单击，弹出"直线段工具选项"对话框，设置"长度"为102px、"角度"为0°，如图8-56所示。将绘制的黑色线条摆放在上述模块文字中间，作为分隔线。使用选择工具选中绘制的分隔线，按住Alt键的同时向下移动，复制出七条相同的分隔线，如图8-57所示。

图 8-60

图 8-56　　　　　　　图 8-57

步骤19 选择工具箱中的矩形工具▱，在选项栏中设置"填充"为棕色，接着在相机素材的上方单击，弹出"矩形"对话框，设置"宽度"为8px、"高度"为8px，单击"确定"按钮，如图8-58所示。使用同样的方法，绘制出另外一个相同的矩形，将这两个棕色矩形摆放在合适位置，效果如图8-59所示。

图 8-61

图 8-58　　　　　　　图 8-59

步骤20 为网页主题模块添加文字信息。选择工具箱中的文字工具▱，在控制栏中选择合适的字体以及字号，分别在相机素材模块的上方和下方输入几组文字，如图8-60和图8-61所示。

步骤21 制作网页的底栏。选择工具箱中的"矩形工具"▱，在选项栏中设置"填充"为棕色。接着在画板中单击，弹出"矩形"对话框，设置"宽度"为1080px、"高度"为55px，单击"确定"按钮，如图8-62所示。将矩形摆放在页面的底部，如图8-63所示。

图 8-62　　　　　　　图 8-63

步骤22 使用文字工具在底栏上输入文字，最终效果如图8-64所示。

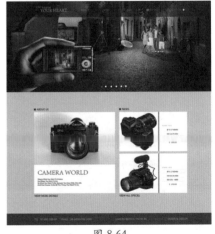

图 8-64

8.3 商业案例：旅游产品模块化网页设计

8.3.1 设计思路

▶ 案例类型

本案例是一款旅游主题网站的首页设计项目。

▶ 项目诉求

本网站的宣传语为"自由、时尚、活力"，以"通过旅游释放心情、对未知憧憬的美好期盼"为宗旨，力图给人以轻松愉悦的感受。网站页面需要展现实地风景，让人犹如身临其境，如图 8-65 所示。

图 8-65

▶ 设计定位

根据自由、时尚、活力这一系列关键词，网站在

设计之初就将整体风格定位于清新自然风。自然风的代表莫过于大自然的颜色了，而最自然的颜色莫过于实景照片。所以网站整个页面以实地风景图为主体，直观地呈现极致景色，如图 8-66 所示。

图 8-66

8.3.2 配色方案

▶ 配色方案

本案例以冷色调的青蓝色为主，点缀高纯度的橙红色，形成冷暖对比，给人一种清新、有活力的感觉。尽量选择带有鲜丽颜色的图片，使得整体既和谐统一，又具有强烈的视觉冲击力，如图 8-67 所示。

图 8-67

▶ 其他配色方案

在网站页面图片素材不进行更换的情况下，可以将作为点缀色的橙红色更换为纯净的天蓝色，与画面整体色调相匹配，如图 8-68 所示。另外，从草地中提取的草绿色也是不错的选择，如图 8-69 所示。

图 8-68　　　　　　　　图 8-69

8.3.3 版面构图

网页的版式选择了一种非常简洁明确的展示方式，顶部为网站标志，简化掉了导航栏，醒目地将旅行项目罗列在版面中。项目分为三大类，每个分类都以大尺寸风景照片的形式进行表达，无须文字说明。大图附近则为相关类型的旅行线路简介。为了避免三大类使用相同的版式造成枯燥感，将每个栏目的元素进行水平对调，如图 8-70 所示。

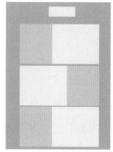

图 8-70

除此之外，将三大模块以左、右、左的形式穿插排列，版面空间更加通透，如图 8-71 所示。还可以将三大模块呈一字型排列，居于页面中间，项目文字信息置于风景图下部，如图 8-72 所示。

图 8-71 　　　　　　　 图 8-72

8.3.4 同类作品欣赏

8.3.5 项目实战

▶ 制作流程

本案例利用"置入"命令置入背景素材以及页面模块中需要用到的位图素材，利用矩形工具和钢笔工具绘制模块的各个部分，最后使用文字工具在版面中输入不同颜色、字体、大小的文字，如图 8-73 所示。

图 8-73

▶ 技术要点

☆ 使用图像描摹功能制作网站标志。
☆ 利用复制、粘贴工具制作另外两个相似的网页模块。

▶ 操作步骤

步骤 01　执行菜单"文件"→"新建"命令，在弹出的"新建文档"对话框中设置"单位"为"像素"、"宽度"为 1440px、"高度"为 1800px、"方向"为纵向、"颜色模式"为"RGB 颜色"、"栅格效果"为"屏幕（72ppi）"，参数设置如图 8-74 所示。单击"确定"按钮完成操作，效果如图 8-75 所示。

步骤 02　执行菜单"文件"→"置入"命令，置入素材"1.jpg"，单击控制栏中的"嵌入"按钮，完成素材的置入操作。在素材的一角按住 Shift 键拖曳控制点，使之等比例放大。选中背景对象，执行菜单"对象"→"锁定"→"所选对象"命令，将背景素材锁定，如图 8-76 所示。

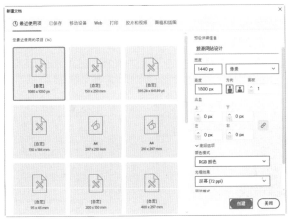

图 8-74

图 8-75

图 8-76

步骤 03 选择工具箱中的多边形工具 ◯，在控制栏中设置"填充"为白色、"描边"为无，然后在画板中单击，弹出"多边形"对话框，设置"半径"为60px、"边数"为 6，如图 8-77 所示。单击"确定"按钮，

出现了白色的六边形，如图 8-78 所示。

图 8-77　　　　　　　　图 8-78

步骤 04 执行菜单"文件"→"置入"命令，置入素材"2.jpg"，单击控制栏中的"嵌入"按钮和"图像描摹"按钮，如图 8-79 所示。稍作等待，描摹完成后单击控制栏中的"扩展"按钮，如图 8-80 所示。

图 8-79　　　　　　　　图 8-80

步骤 05 此时位图变为矢量对象，而且每个部分都可以进行单独的编辑。但是目前各个部分为编组状态，所以在图形上右击，在弹出的快捷菜单中选择"取消编组"命令，如图 8-81 所示。选择工具箱中的选择工具 ▶，在黑色的椰树上单击，按住鼠标左键将其移动出来，如图 8-82 所示。

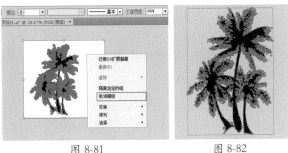

图 8-81　　　　　　　　图 8-82

步骤 06 将椰树图形等比例缩放后，摆放在页面顶部的多边形中。选中椰树，使用工具箱中的吸管工具吸取背景图片的颜色，使椰树的填充颜色变为青蓝色，使标志呈现出镂空效果，如图 8-83 所示。

步骤 07 为画面添加文字。选择工具箱中的文字工具 T，在控制栏中选择合适的字体以及字号，设置"填充"为白色，在标志下方输入文字，如图 8-84 所示。

图 8-83

图 8-84

步骤 08 执行菜单"文件"→"置入"命令，置入素材"3.jpg"，单击控制栏中的"嵌入"按钮，如图 8-85 和图 8-86 所示。

图 8-85

图 8-86

步骤 09 选择工具箱中的矩形工具 ▢，在控制栏中设置填充颜色为白色。在画板中单击，弹出"矩形"对话框，设置"宽度"为 570px、"高度"为 450px，单击"确定"按钮，如图 8-87 所示。绘制的矩形效果如图 8-88 所示。

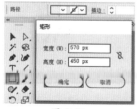

图 8-87

图 8-88

步骤 10 继续执行菜单"文件"→"置入"命令，置入素材"4.jpg"，单击控制栏中的"嵌入"按钮，如图 8-89 所示。

步骤 11 选择工具箱中的矩形工具 ▢，在控制栏中

设置"填充"为无、"描边"为黑色、"描边粗细"为 1pt。在画板中单击，弹出"矩形"对话框，设置"宽度"为 145pt、"高度"为 115pt，单击"确定"按钮，如图 8-90 所示。绘制的矩形效果如图 8-91 所示。

步骤 12 为这个模块添加文字信息。选择工具箱中的文字工具 T，在控制栏中选择合适的字体以及字号，输入两组不同颜色的文字，如图 8-92 所示。

图 8-89

图 8-90

图 8-91

图 8-92

步骤 13 选择工具箱中的圆角矩形工具 ▢，在控制栏中设置"填充"为红色，在画板中单击，弹出"圆角矩形"对话框，设置"宽度"为 64px、"高度"为 23px，"确定"按钮，如图 8-93 所示，绘制出圆角矩形。继续使用文字工具添加文字内容，如图 8-94 所示。

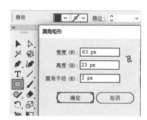

图 8-93

图 8-94

步骤 14 按照上述相同的方法，绘制出类似的两个模块，效果如图 8-95 所示。

图 8-95

平面设计小贴士

网站设计和印刷设计有何不同

网站是由非线性的页面构成的,并不是按顺序从第一章一直到最后一章,其观看的页面可以随意跳转,而且网站包含的组件较多,有动画、视频、音频等。网站尺寸根据屏幕大小而定,分辨率只需要达到 72dpi。印刷尺寸则根据纸张大小而定,分辨率需达 150dpi 以上,且印刷中可应用多种工艺。

步骤15 制作标题文字。选择工具箱中的文字工具 **T**,选择合适的字体以及字号,输入每个模块的标题文字,如图 8-96 所示。使用同样的方法,使用文字工具设置不同的文字属性,添加其他文字,如图 8-97 所示。

图 8-96　　　　　　　　图 8-97

步骤16 选择工具箱中的直线段工具 ,在画板中单击,弹出"直线段工具选项"对话框,设置"长度"为 640px、"角度"为 0°,如图 8-98 所示。将绘制的黑色线条摆放在标题文字之间,作为分隔线,如图 8-99 所示。

图 8-98　　　　　　　　图 8-99

步骤17 选择工具箱中的钢笔工具 ,在控制栏中设置"填充"为橙红色、"描边"为无。将光标定位到白色矩形的右上角,单击确定图形的起点,如图 8-100 所示。继续移动光标,单击添加锚点,如图 8-101 所示。按照以上方法绘出一个图形,如图 8-102 所示。

图 8-100　　　　　　　　图 8-101

图 8-102

步骤18 选择工具箱中的星形工具 ,在控制栏中设置"填充"为白色,然后在画板中单击,弹出"星形"对话框,设置"半径 1"为 10px、"半径 2"为 5px、"角点数"为 5,如图 8-103 所示。将创建的星形摆放在橙红色图形上,如图 8-104 所示。

图 8-103　　　　　　　　图 8-104

步骤19 为画面添加文字。选择工具箱中的文字工具 **T**,在控制栏中设置"填充"为白色,选择合适的字体以及字号,在橙红色图形上输入文字,如图 8-105 所示。

步骤20 下面开始制作右侧的按钮。选择工具箱中的矩形工具 ,在控制栏中设置"填充"为橙红色,然后在画板中单击,弹出"矩形"对话框,设置"宽度"为 20px、"高度"为 18px,如图 8-106 所示。单击"确定"按钮,得到一个红色矩形,移动到合适位置。在使用移动工具的状态下,按住 Alt 键移动复制出一个相同大小的矩形,并设置"填充"为灰色,如图 8-107 所示。

步骤21 选择工具箱中的钢笔工具 ,在控制栏中设置"填充"为黑色、"描边"为无,分别在两个按钮上绘制箭头形状的按钮图标,如图 8-108 所示。

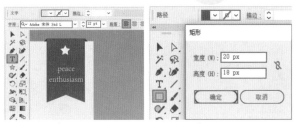

图 8-105　　　　　　　　图 8-106

图 8-107　　　　　　　　图 8-108

步骤 22 到这里第一组模块制作完成。由于网页由三个相似的模块构成，所以另外两个模块可以通过复制并更改内容来制作。选择工具箱中的选择工具 ▶，框选第一组模块中的内容，如图 8-109 所示。按住 Alt 键并向下拖动，复制一个相同的模块，然后更换模块中的图片素材以及文字信息，如图 8-110 所示。

图 8-109

图 8-110

软件操作小贴士
相似模块的制作

　　本案例的页面中包括三个大模块，而且每个模块中的元素基本相同，差别在于文字和图片信息，所以在制作完其中一个模块后，将这个模块的内容全部选中，使用快捷键 Ctrl+G 进行编组，然后复制出另外几个模块。将这几个模块选中，利用"对齐与分布"功能可以将模块规整排列。如果不将单个模块进行成组，直接执行"对齐与分布"命令，所选的全部小元素都会发生位置的变换。

步骤 23 再次移动复制模块到页面中央的位置，然后使用选择工具选中模块中的各个部分，调换位置并更换图片内容以及文字信息，如图 8-111 所示。

图 8-111

步骤 24 选择工具箱中的选择工具 ▶，利用键盘上的上、下、左、右箭头键对画面的各部分进行位置的调整，最终效果如图 8-112 所示。

图 8-112

8.4 商业案例：动感音乐狂欢夜活动网站设计

　　本案例是动感音乐狂欢夜活动网站设计项目。有关本案例的设计思路、配色方案、版面构图、同类作品欣赏以及项目实践的内容通过扫描右侧的二维码下载后进行学习。

8.5 优秀作品欣赏

第 9 章　UI 设计

随着数码产品的飞速发展，服务于数码产品的 UI 设计也开始兴盛起来。UI 设计包括用户研究、交互设计、界面设计三个方面的内容。其中，界面设计是 UI 设计的重要组成部分，是拉近人与产品关系的一个重要渠道。本章主要从 UI 的含义、UI 的组成、电脑客户端与移动设备客户端的界面差异等几个方面来学习 UI 设计。

9.1　UI 设计概述

UI 即 User Interface（用户界面）的简称。UI 设计包括用户与界面以及二者之间的交互关系。UI 设计是根据使用者、使用环境、使用方式等因素对界面形式进行的设计，包括电脑客户端 UI 设计和移动客户端 UI 设计。UI 设计就如同工业产品中的工业造型设计一样，是基于形式的卖点。一个好的 UI 设计，不仅会给人带来舒适的视觉感受，还会拉近人与设备的距离，如图 9-1 所示。

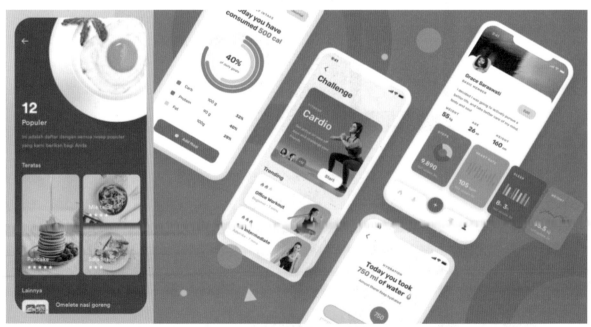

图 9-1

9.1.1 认识 UI

UI 即人机交互的界面。在人们与电子设计的交互过程中，有一个层面是客观存在的，这个层面就是我们说的界面。UI 设计的涵盖范围较大，主要包括游戏界面、网页界面、软件界面、登录界面等类型。UI 是承载用户与机器之间信息传递的媒介，包含运营平台、客户端、发布者三种平台界面及其之间的信息沟通。个性化的 UI 设计可以使人机交互的操作变得简单、快捷、易用，把软件的功能和定位充分体现出来，如图 9-2 所示。

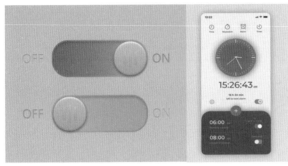

图 9-2

9.1.2 UI 的组成

通常来说，计算机中的软件 UI 大多是按 Windows 界面的规范来设计的。随着技术的进步以及移动设备的普及，UI 的组成部分也不断发生着变化。常见的 UI 主要包括菜单条、快捷菜单、工具栏、状态条、滚动条、图标等部分。

菜单条：菜单条是各种应用菜单命令的聚集区域。每个菜单命令下可以包含多个子命令，菜单深度一般控制在三层以内，如图 9-3 所示。

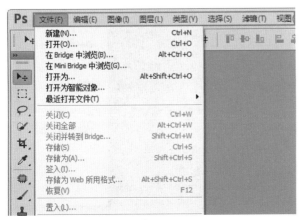

图 9-3

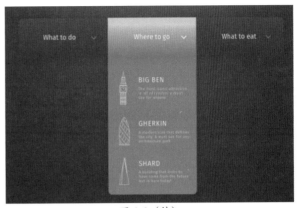

图 9-3（续）

快捷菜单：快捷菜单是在计算机上使用鼠标时，右击出现的菜单命令。而在移动设备上，多为长按屏幕时弹出的快捷菜单，单击即可执行其中的命令，如图 9-4 所示。

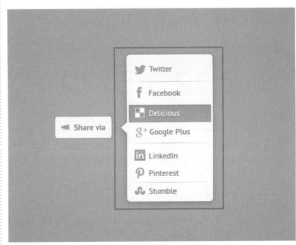

图 9-4

工具栏：工具栏是菜单命令的快捷方式按钮。将鼠标指针移到按钮上时,相应的命令名称会显示出来。只需单击按钮,即可执行相应的命令,如图9-5所示。

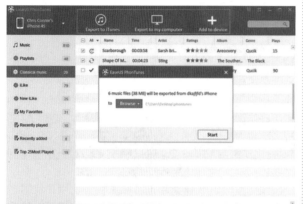

图 9-5

状态条:状态条用于显示用户当前需要的信息,例如文件读取状态或者播放状态等,如图9-6所示。

图 9-6

滚动条:当界面的信息不能够完全显示时,需要通过滚动条来调整界面显示的区域,以便于观察被隐藏的区域。滚动条的长度需要根据显示信息的长度或宽度及时变换,以利于了解显示信息的位置和百分比,如图9-7所示。

图 9-7

图标:即页面中的图形化标志按钮,用来实现视觉划分和功能引导,如图9-8所示。

图 9-8

9.1.3 电脑客户端与移动设备客户端 UI 的区别

UI 设计最初主要应用于电脑客户端领域,随着移动设备的迅速发展,应用软件在移动设备客户端也开始兴盛起来。相比于移动设备客户端,电脑客户端的展示空间较大,而且可以通过单击、双击、右击、移动鼠标和滚动鼠标中轮等来操作,精确度较高。因此我们在进行电脑客户端 UI 设计,一定要充分考虑这些因素,如图9-9所示。

图 9-9

移动设备 UI 是依赖于手机、平板电脑等移动设备操作系统的人机交互窗口。手机 UI 设计通常包括待机界面、主菜单、二级菜单、三级菜单。手机常见 UI 主要包括手机功能的图标，如通讯录、通话记录、闹钟、计算器、音乐播放器等。由于手机的空间较小，但软件界面包含的信息量较大，且是通过长按和滑动等方式进行操作的，所以我们在进行移动 UI 设计时，要准确掌握图标的大小以及编排方式等。移动设备 UI 必须基于设备的物理特性和软件的应用特性进行合理的设计，如手机所支持的最多色彩数量、手机所支持的图像格式、软件功能应用模式等，如图 9-10 所示。

图 9-10

9.2 商业案例：社交软件用户信息界面设计

9.2.1 设计思路

▶ 案例类型

本案例是一款面向高端商务群体的社交软件界面设计项目。

▶ 项目诉求

此软件专为高端人士量身定制，以保证基本信息安全的前提下进行"高质量"的交流为主要诉求。其主要特征是软件操作轻便化，使用过程中不会受到垃圾信息的骚扰，如图 9-11 所示。

图 9-11

▶ 设计定位

根据轻便、安全、高端这些特征，界面在设计之初就将整体风格确立为简约时尚风。在整个界面中，以用户照片和用户自选图像为主要图形，头像上方的背景图可根据个人喜好而变换，如建筑物、风景画、山水画等，以满足用户的个性需求。图 9-12 所示为风格接近的可高度定制的界面。

图 9-12

9.2.2 配色方案

本案例选择了对比色配色方式，冷调的孔雀蓝和暖调的橙色这两种颜色在彼此的映衬下更显夺目。

▶ 主色

界面主色的灵感来源于孔雀羽毛，从中提取了高贵、素雅的孔雀蓝作为主色。孔雀蓝既保持了冷静之美，又不失人情味，具有一定的品位感，如图 9-13 所示。

图 9-13

▶ 辅助色

由于主色孔雀蓝属于偏冷调的颜色，若采用过多冷调的颜色，则容易产生冷漠、疏离之感。而利用暖调的橙色则可以适度调和画面的冷漠感，如图 9-14 所示。

图 9-14

▶ 点缀色

点缀以高明度洁净鲜丽的青色，为孔雀蓝和橙色这样偏暗的搭配增添了一抹亮丽。青色与孔雀蓝基本属于同色系，但明度更高一些，使用青色能够有效地提亮版面，如图 9-15 所示。

图 9-15

▶ 其他配色方案

除了深沉、稳重的暗调配色方案外，我们还可以

尝试高明度的浅蓝搭配暖调的淡红色，同样是冷暖对比，但是两种低纯度的颜色反差感并不是特别强烈，如图 9-16 所示。清新的果绿色调也是一种很好的选择，适用的人群更加广泛，如图 9-17 所示。

图 9-16　　　　　　　　图 9-17

9.2.3 版面构图

整体界面以模块化区分，主要分为三大模块，界面上方为可置换背景照片，下方为孔雀蓝色块，人物头像在两个模块之间，用户信息文字在人物头像下方，如图 9-18 所示。整个界面以一种中心型的方式编排，用户信息位于版面中央，起到一定的聚焦作用，让人一眼就能看到主题，如图 9-19 所示。

图 9-18　　　　　　　　图 9-19

当前的用户信息页面是一种简洁的显示方式，用户的相册信息并未显示在本页上。如果想要进一步展示用户信息，可以将用户头像以及姓名等基本信息摆放在版面上半部分，下半部分区域用于相册的展示，如图 9-20 所示。用人物头像图片替换版面上半部分的自定义图片背景，更有利于用户头像的展示，如图 9-21 所示。

图 9-20　　　　　　　图 9-21

9.2.4 同类作品欣赏

9.2.5 项目实战

▶ 制作流程

　　首先使用矩形工具绘制用户界面的几个组成部分，接下来通过添加位图素材丰富画面并添加用户头像，利用圆角矩形工具绘制按钮，并使用文字工具在界面中添加文字，如图 9-22 所示。

图 9-22

图 9-22（续）

▶ 技术要点

　　☆ 设置透明度制作混合效果。
　　☆ 使用内发光效果为界面边缘添加光感。

▶ 操作步骤

　　步骤 01 新建一个"宽度"为 255mm、"高度"为 450mm 的新文档，如图 9-23 所示。选择工具箱中的矩形工具▢，设置"填充"为深青色、"描边"为无，然后绘制一个与画板等大的矩形，如图 9-24 所示。

图 9-23　　　　　　　图 9-24

　　步骤 02 执行菜单"文件"→"置入"命令，置入素材"1.jpg"，单击控制栏中的"嵌入"按钮，完成素材的置入操作，如图 9-25 所示。

图 9-25

步骤03 选择工具箱中的矩形工具▣，在控制栏中设置"填充"为橘黄色、"描边"为无，然后在画面中单击，在弹出的"矩形"对话框中设置"宽度"为208mm、"高度"为107mm，如图9-26所示。设置完成后单击"确定"按钮，接着将矩形移动到合适位置，如图9-27所示。然后在控制栏中设置"不透明度"为80%，效果如图9-28所示。

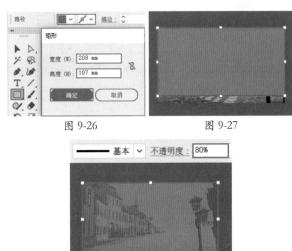

图9-26　　　　　　　　图9-27

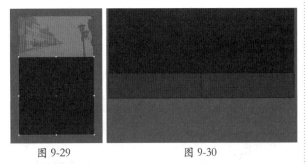

图9-28

步骤04 选择工具箱中的矩形工具▣，设置"填充"为深青色，在橙色图形下方绘制一个矩形，如图9-29所示。使用同样的方法，继续绘制两个相同大小的矩形，颜色设置为稍浅一些的深青色，并摆放在深青色矩形的底部，如图9-30所示。

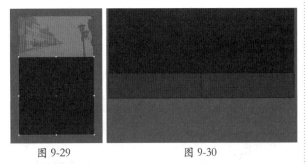

图9-29　　　　　　　　图9-30

步骤05 选择工具箱中的圆角矩形工具▣，在画面中单击，在弹出的"圆角矩形"对话框中设置"宽度"为208mm、"高度"为318mm、"圆角半径"为5mm，设置完成后单击"确定"按钮，如图9-31所示。接着将圆角矩形覆盖到界面中其他元素上，如图9-32所示。

步骤06 将圆角矩形与下方界面中的内容加选，执行菜单"对象"→"剪切蒙版"→"建立"命令，建立

剪切蒙版，界面的四角变为圆角效果，如图9-33所示。

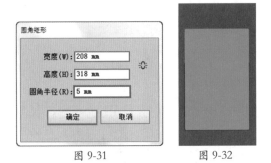

图9-31　　　　　　　　图9-32

图9-33

步骤07 选择界面，执行菜单"效果"→"风格化"→"内发光"命令，在弹出的"内发光"对话框中，设置"模式"为"滤色"、颜色为白色、"不透明度"为20%、"模糊"为4mm，选中"边缘"单选按钮，参数设置如图9-34所示。设置完成后单击"确定"按钮，效果如图9-35所示。

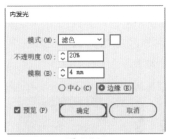

图9-34　　　　　　　　图9-35

步骤08 选择工具箱中的椭圆工具▣，设置"填充"为深青色、"描边"为无，然后在相应位置按住Shift键绘制一个正圆，如图9-36所示。选择该正圆，执行菜单"效果"→"风格化"→"投影"命令，在弹出的"投影"对话框中设置"模式"为"正片叠底"、"不透明度"为75%、"X位移"为0.1mm、"Y位移"为0.1mm、"模糊"为0.5mm、"颜色"为黑色，参数设置如图9-37所示。设置完成后单击"确定"按钮，效果如图9-38所示。

图 9-36　　　　　　　　　　图 9-37

图 9-38

图 9-42

步骤 10　制作按钮。使用圆角矩形工具绘制一个圆角矩形，然后执行菜单"窗口"→"渐变"命令，在打开的"渐变"对话框中设置"类型"为"线性"，然后编辑一个淡青色系的渐变，如图 9-43 所示。此时按钮效果如图 9-44 所示。

图 9-43　　　　　　　　　　图 9-44

步骤 11　使用文字工具在相应的位置输入文字，并设置为不同的颜色，如图 9-45 所示。

图 9-45

软件操作小贴士

在为对象添加效果时，打开的效果对话框中都有"预览"选项，选中该选项，可以在没有单击"确定"按钮的情况下先看到设置的效果，如图 9-39 所示。

图 9-39

步骤 09　执行菜单"文件"→"置入"命令，置入素材"2.jpg"，单击控制栏中的"嵌入"按钮，完成素材的置入操作，如图 9-40 所示。在人物上绘制一个正圆，如图 9-41 所示。将正圆和图片加选，执行菜单"对象"→"剪切蒙版"→"建立"命令，建立剪切蒙版，效果如图 9-42 所示。

步骤 12　制作界面右上角的按钮。首先使用圆角矩形工具绘制一个圆角并填充淡青色渐变，如图 9-46 所示。接着选择这个圆角矩形，按住 Alt+Shift 键将圆角矩形平移并复制，如图 9-47 所示。

图 9-46　　　　　　　　　　图 9-47

步骤 13　加选两个圆角矩形，多次执行菜单"对象"→"排列"→"后移一层"命令，将圆角矩形移动到界面的后侧，如图 9-48 所示。接着在圆角矩形上输入文字，本案例制作完成，效果如图 9-49 所示。

图 9-40　　　　　　　　　　图 9-41

图 9-48　　　　　　　图 9-49

9.3 商业案例：水果电商 App 图标设计

9.3.1 设计思路

▶ 案例类型

本案例是一款应用于移动客户端的线上水果销售 App 图标设计项目。

▶ 项目诉求

该 App 面向大中型城市的年轻人，主打一年 365 天、每天 24 小时，随时随地满足吃到新鲜水果的愿望。想吃水果，轻松点击，半小时之内新鲜的水果送上门，水果品类齐全、新鲜、配送及时。App 图标设计要求突出 App 功能性，并且符合年轻人的喜好，如图 9-50 所示。

图 9-50

▶ 设计定位

根据商家基本要求，从水果中选择具有代表性的西瓜作为主要设计元素。西瓜除可以代表水果本身外，还能很好地"拟人化"，将西瓜设计成笑脸的形状，非常适合。为了凸显年轻化，设计风格偏向扁平化、描边感的效果，如图 9-51 所示。

图 9-51

9.3.2 配色方案

本案例以冷色调的青色为主，又缀以高纯度的红色、黄色，在冷暖色调对比中，营造清新、活力的视觉氛围。黑白两色的点缀，使得整体既和谐统一，又具有强烈的视觉效果。

▶ 主色

西瓜的红色，是我们首先想到的颜色，但是红色作为 App 背景可能过于"热烈"。而且红色的背景与西瓜本体颜色一致，色彩对比不够鲜明。因此可以选择与西瓜红色对比强烈，又能凸显年轻化、时尚感的颜色，那么海水凉爽的青色是最适合不过的了，如图 9-52 所示。

图 9-52

▶ 辅助色

直接取自西瓜的红色作为 App 图标的辅助色,与青色形成"对比色"搭配,时尚动感,如图 9-53 所示。

图 9-53

▶ 点缀色

从主色中延伸出的艳丽的青色以及淡红色可以辅助主体图形的展示。将无彩色的黑色和白色点缀在主体图形上,在反差对比中既提高画面亮度,同时又让视觉效果更加稳定。另外,在主体图形周围的小元素中,引入了黄色及蓝色。由于装饰元素所占比例很小,所以并不会产生混乱之感,如图 9-54 所示。

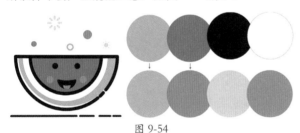

图 9-54

▶ 其他配色方案

可以尝试以绿色替代青色,带有一定灰度的绿色,与红色之间并不会产生过分强烈的冲突感,如图 9-55 所示。除此之外,本案例也可以以淡蓝色作为主色,淡蓝色是一种极易被人们接受的颜色,可以给人一种自由、惬意的感受,如图 9-56 所示。

图 9-55

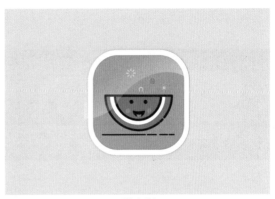

图 9-56

9.3.3 版面构图

图标以拟人化的西瓜作为主要元素,吸引青年男女注意,拉近使用者与软件的距离。笑脸的设计与西瓜外形相呼应,使图标变得更为灵动,同时给人一种亲切、愉悦之感,如图 9-57 所示。

图 9-57

图标主要采用了中轴型构图方式,并通过线与面的搭配,将近些年较为流行的扁平化风格中融入拟人化元素。同时线条、烟花与圆形的使用,增强了版面的细节效果,如图 9-58 所示。

图 9-58

9.3.4 同类作品欣赏

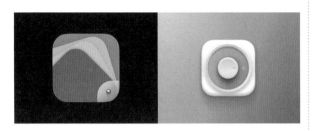

9.3.5 项目实战

▶ 制作流程

首先绘制圆角矩形作为图标的基本图形，然后绘制半圆组合成西瓜图形，接着绘制西瓜的"五官"将图形拟人化，最后绘制装饰图案,让图标变得更加丰富,如图9-59所示。

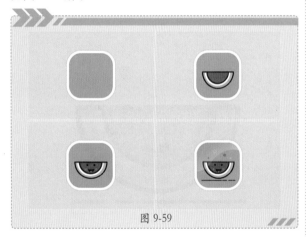

图 9-59

▶ 技术要点

☆ 通过"外发光"命令制作外发光效果。
☆ 使用剪刀工具将路径断开。
☆ 使用剪切蒙版制作半透明高光。

▶ 操作步骤

步骤01 首先新建一个大小合适的横向空白文档,接着选择工具箱中的矩形工具▣,在控制栏中设置"填充"为浅青色、"描边"为无,设置完成后绘制一个与画板等大的矩形,如图9-60所示。

步骤02 选择工具箱中的圆角矩形工具▣,在控制栏中设置"填充"为青色、"描边"为无。设置完成后在文档中单击,在弹出的"圆角矩形"对话框中设置"宽度"为1024px、"高度"为1024px、"圆角半径"为300px,单击"确定"按钮,如图9-61所示。

图 9-60

图 9-61

步骤03 设置完成后的效果如图9-62所示。

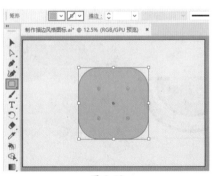

图 9-62

步骤04 将青色圆角矩形选中,使用快捷键Ctrl+C进行复制,使用快捷键Ctrl+F进行原位粘贴。接着在选中复制得到的图形状态下,在控制栏中设置"填充"为无、"描边"为白色、"描边粗细"为50pt,如图9-63所示。

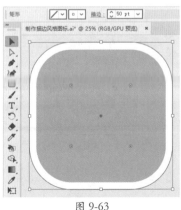

图 9-63

步骤 05 在控制栏中单击"描边"按钮，设置"对齐描边"为"使描边内侧对齐"，如图 9-64 所示。

步骤 06 接下来为白色描边图形添加外发光效果。将描边图形选中，执行菜单"效果"→"风格化"→"外发光"命令，在打开的"投影"对话框中设置"模式"为"正片叠底"、"颜色"为深青色、"不透明度"为 20%、"模糊"为 10px，单击"确定"按钮，如图 9-65 所示。

图 9-64　　　　　　　　　图 9-65

步骤 07 设置完成后的效果如图 9-66 所示。

步骤 08 选择工具箱中的椭圆工具 ◐，在控制栏中设置"填充"为亮青色、"描边"为无。设置完成后，在青色图形内部按住 Shift 键的同时按住鼠标左键，拖动绘制一个正圆，如图 9-67 所示。

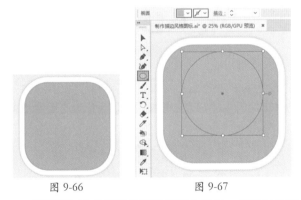

图 9-66　　　　　　　　　图 9-67

步骤 09 接着需要将正圆调整为半圆。将绘制的正圆选中，将光标放在图形右侧的白色圆点上，然后按住鼠标左键逆时针旋转至相对应的左侧位置，如图 9-68 所示。

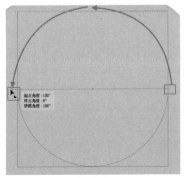

图 9-68

步骤 10 释放鼠标右键即可得到半圆效果如图 9-69 所示。

步骤 11 继续使用椭圆工具在已有正圆上绘制大小不一、颜色各异的正圆。然后使用同样的方法，将绘制的正圆调整为半圆，如图 9-70 所示。

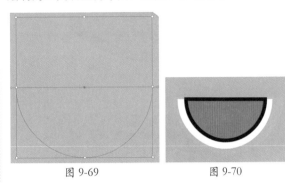

图 9-69　　　　　　　　　图 9-70

步骤 12 下面在红色半圆上添加表情。首先制作眼睛。选择工具箱中的椭圆工具 ◐，在控制栏中设置"填充"为黑色、"描边"为无。设置完成后在红色半圆左侧绘制正圆，如图 9-71 所示。

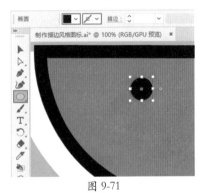

图 9-71

步骤 13 选中绘制的黑色正圆，将其复制一份并放置在相对应的右侧位置，如图 9-72 所示。

图 9-72

步骤 14 接着绘制嘴巴。选择工具箱中的钢笔工具 ✎，在控制栏中设置"填充"为黑色、"描边"为无。设置完成后在红色半圆下方绘制图形，如图 9-73 所示。

步骤 15 继续使用钢笔工具在嘴巴内部绘制舌头图形，如图 9-74 所示。

图 9-73

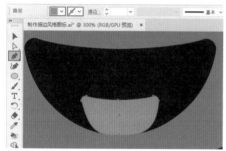

图 9-74

步骤 16 接下来绘制左右两侧的腮红效果。使用工具箱中的椭圆工具 ◯，在红色半圆左侧绘制腮红正圆，如图 9-75 所示。

图 9-75

步骤 17 然后将其复制一份，放置在相对应的右侧位置，如图 9-76 所示。

图 9-76

步骤 18 继续使用椭圆工具，在控制栏中设置"填充"为无、"描边"为黑色、"描边粗细"为 20pt。设置完成后，在已有图形外围绘制一个黑色描边正圆，如图 9-77 所示。

步骤 19 然后使用同样的方法，将其调整为半圆形态，如图 9-78 所示。

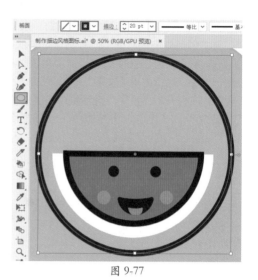

图 9-77

图 9-78

步骤 20 下面制作案例效果中的曲线断开效果。选择工具箱中的剪刀工具 ✂，在黑色描边正圆右侧单击，如图 9-79 所示。

图 9-79

步骤 21 在剪刀工具使用状态下，继续单击，如图 9-80 所示。

步骤 22 此时两个切分点之间形成一条独立的曲线。将该曲线选中，按 Delete 键即可将其删除，如图 9-81 所示。

步骤 23 接着使用同样的方法，在半圆曲线的其他部位进行删除，增强效果的视觉通透感，如图 9-82 所示。

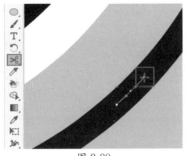

图 9-80

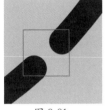

图 9-81

图 9-82

步骤 24 选择工具箱中的直线段工具 ✏，在控制栏中设置"填充"为无、"描边"为黑色、"描边粗细"为 12pt。设置完成后在半圆下方，按住 Shift 键的同时按住鼠标左键，自左往右拖动绘制一条直线段，如图 9-83 所示。

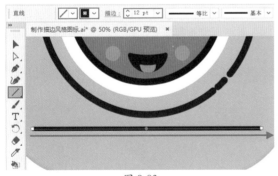

图 9-83

步骤 25 接着对直线段样式进行调整。将直线段选中，执行菜单"窗口"→"描边"命令，在打开的"描边"面板中设置"端点"为"圆头端点"，如图 9-84 所示。

图 9-84

步骤 26 设置完成后的效果如图 9-85 所示。

步骤 27 接下来对绘制完成的直线段进行分割。

在直线段选中状态下，选择工具箱中的剪刀工具 ✂，在直线段右侧单击添加切分点，然后将不需要的部分进行删除，如图 9-86 所示。

图 9-85

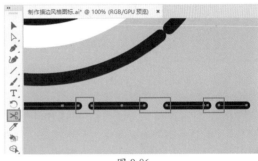

图 9-86

步骤 28 下面在半圆上方添加装饰图形，丰富细节效果。选择工具箱中的圆角矩形工具 ▢，在控制栏中设置"填充"为黄色、"描边"为无，设置合适的"圆角半径"。设置完成后在半圆上绘制图形，如图 9-87 所示。

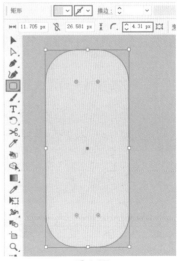

图 9-87

步骤 29 接着对圆角矩形进行旋转操作。在图形选中状态下，选择工具箱中的旋转工具 ↻，将光标放在青色基准点上，按住 Alt 键的同时按住鼠标左键往下拖动，至下方合适位置时释放鼠标，此时在弹出的"旋转"对话框中设置"角度"为45°，单击"复制"按钮，如图9-88所示。

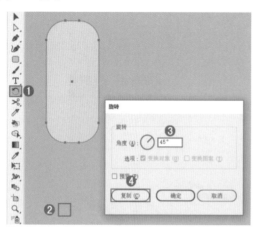

图 9-88

步骤30 设置完成后，将图形进行旋转操作的同时复制一份，效果如图9-89所示。

步骤31 在当前旋转状态下，多次使用快捷键 Ctrl+D 将图形进行相同旋转角度的复制操作，使其呈现出一个环绕一周的效果，如图9-90所示。

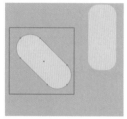

图 9-89   图 9-90

步骤32 然后使用同样的方法，制作另外一个图形，如图9-91所示。

图 9-91

步骤33 选择工具箱中的椭圆工具 ◯，在控制栏中设置"填充"为红色、"描边"为无。设置完成后在圆环之间绘制一个正圆，如图9-92所示。

步骤34 继续使用椭圆工具在合适位置绘制一个蓝色正圆，如图9-93所示。

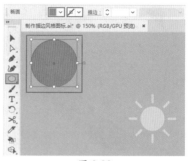

图 9-92

图 9-93

步骤35 接下来在红色正圆左下角添加一个描边正圆。继续使用椭圆工具，在控制栏中设置"填充"为无、"描边"为青色、"描边粗细"为9pt。设置完成后在红色正圆左下角绘制图形，如图9-94所示。

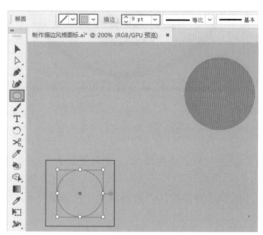

图 9-94

步骤36 下面在图标顶部添加高光，增强效果真实性。将底部的青色圆角矩形选中，使用快捷键 Ctrl+C 进行复制，使用快捷键 Ctrl+F 进行原位粘贴。然后调整复制得到的图形图层顺序，将其摆放在最上方位置，如图9-95所示。

步骤37 接着为复制得到的图形添加渐变色。将图形选中，在打开的"渐变"面板中设置"类型"为"线性"、"角度"为125°。设置完成后编辑一个白色到透明的渐变。同时设置左侧端点的"不透明度"为 50%，如图 9-96 所示。

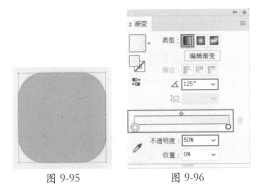

图 9-95　　　　　图 9-96

步骤 38 设置完成后，将底部图形效果显示出来，如图 9-97 所示。

步骤 39 高光有多余的部分，需要进行隐藏处理。选择工具箱中的钢笔工具 ，在控制栏中设置"填充"为黑色、"描边"为无。设置完成后，在图标上半部分绘制图形，确定高光需要保留的区域，如图 9-98 所示。

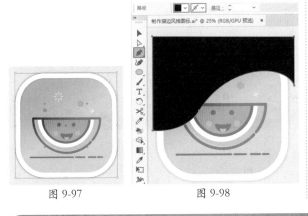

图 9-97　　　　　　图 9-98

步骤 40 接着将黑色图形和渐变高光图形选中，使用快捷键 Ctrl+7 创建剪切蒙版，将高光不需要的区域进行隐藏处理，如图 9-99 所示。

图 9-99

步骤 41 此时本案例制作完成，如图 9-100 所示。

图 9-100

9.4　商业案例：手机游戏启动界面设计

本案例是手机游戏启动界面设计项目。有关本案例的设计思路、配色方案、版面构图、同类作品欣赏以及项目实践的内容通过扫描右侧的二维码下载后进行学习。

9.5 优秀作品欣赏

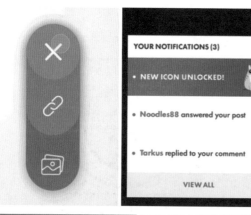

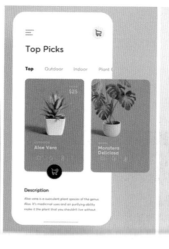

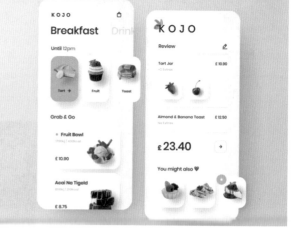

第 10 章　信息图形设计

20 世纪 90 年代以来，世界逐步进入"信息时代"，人们需要摄取的信息越来越多。然而，繁复冗杂的大量信息必然会造成疲劳感。为了使用户更加快速有效地接受信息，就必须要对信息的传播方式进行调整。将信息图形化设计无论是从传播信息功能上，还是整体形式的表现上都越来越多地获得大众的认同，信息的图形化表现已成为必要的传播方式。本章主要从信息图形概述、信息图形的常见分类、信息图形化的常见表现形式等几个方面来学习信息图形设计。

10.1　信息图形设计概述

信息图形设计是指将原有的文字信息以图形化的形式进行表现，属于信息设计的范畴。信息图形设计是一个涉及图形学、信息学、统计学、计算机科学以及人机交互等多个领域的设计，数据图形设计、数据可视化设计、图表设计、表格设计等都属于信息图形设计的范畴。

10.1.1　信息图形概述

信息图形（Information Graphics），又称为信息图，即数据、信息或知识的可视化表现形式。信息图形设计需要将庞大的、繁杂的原始数据以清晰、直观的方式进行呈现。一个好的信息图形设计可以使受众有愉悦的信息体验，减少因信息过多而产生的焦虑感。图 10-1 所示为优秀的信息图设计作品。

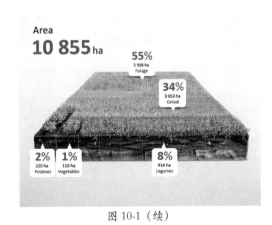

图 10-1（续）

10.1.2　信息图形的常见分类

信息图形的种类很多，其划分方式也多种多样。依据设计对象的不同，可分为思维导向信息图形、数据类信息图形、关系类信息图形、文本类信息图形、说明类信息图形等多个类别。

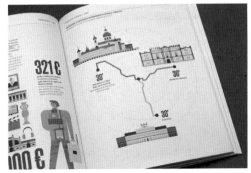

图 10-1

思维导向信息图形：运用图文并重的方式，把各级主题的关系用相互隶属或相关的层级图表现出来，是一种具有引导性质的表现方式，如图 10-2 所示。

图 10-2

数据类信息图形：将数据和统计结果图形化，让复杂的概念和信息在更短的时间内呈现更多含义，如图 10-3 所示。

图 10-3

关系类信息图形：用来概括各要素之间的关系，如从属、并列、对立等，如图 10-4 所示。

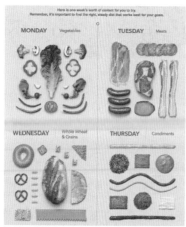

图 10-4

文本类信息图形：包含文字较多，将文字转为图形化的一种表达方式，使其更加清晰、明了，如图 10-5 所示。

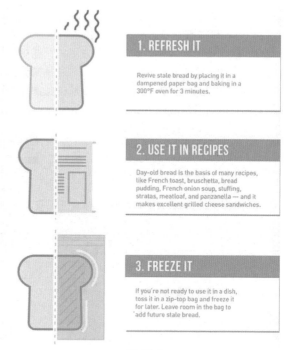

图 10-5

说明类信息图形：用来介绍或阐释某物的一种图形化表达方式，如图 10-6 所示。

图 10-6

10.1.3 信息图形化的常见表现形式

在这个信息爆炸的时代，人们对阅读长篇大论的文字越来越失去耐性。如何使用户快速、有效又轻松地阅览信息呢？这就在于信息传播过程中各个要素的完美组合了，如文字与文字、文字与图形、图形与图形组合等。从视觉表现形式上来看，信息图形大致有图表、图解、图形、表格、地图、统计图等几大类。

图表形式信息图：综合运用图形、线条、文字等元素，清晰展示复杂的信息，如图 10-7 所示。

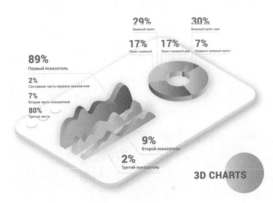

图 10-7

图解形式信息图：运用图画的形式展现某些无法用文字准确表述的信息，如图 10-8 所示。

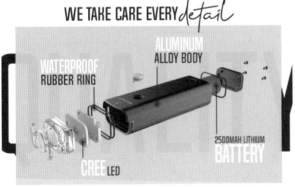

图 10-8

图形形式信息图：以图画的形式传达信息，避免使用文字，如图 10-9 所示。

图 10-9

表格形式信息图：将信息、数据按照一定的规则排列在表格内，数据的展现和对比都更加直接，如

图 10-10 所示。

图 10-10

地图形式信息图：用于展示某个特定地区范围内的信息，如图 10-11 所示。

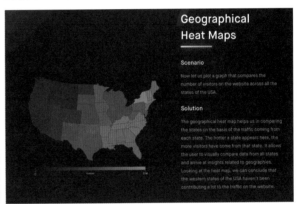

图 10-11

统计图形式信息图：以数据罗列的方式表现数据的对比或数据的变化趋势，如图 10-12 所示。

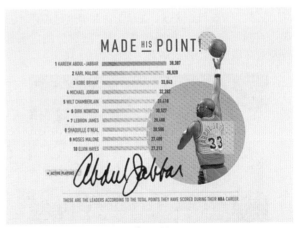

图 10-12

10.2 商业案例：扁平化信息图设计

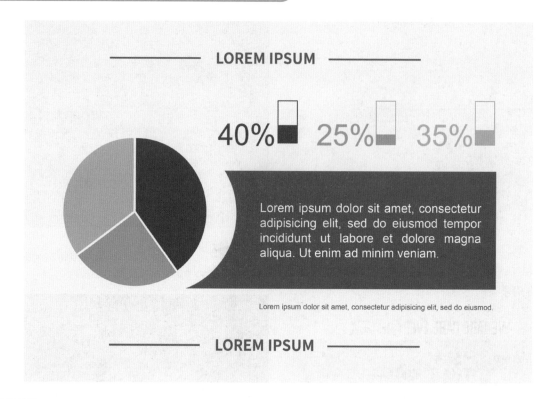

10.2.1 设计思路

▶ **案例类型**

本案例是一款关于环境污染来源的信息图形设计项目。

▶ **项目诉求**

此信息图形设计要清楚地表明工业污染主要来源于"三废"（废气、废水、废渣），并清晰地表明"三废"排量所占比例，意图强调工业"三废"的危害性以及对环境造成的重大破坏，如图 10-13 所示。

图 10-13

▶ **设计定位**

根据信息图的表现主题，整体上更倾向于使用低调、严肃、警示的风格。信息图形采用饼状图和柱状图相结合的方式：饼状图用于展现三种内容所占比例，视觉感受更强；柱状图则以图形加文字的方式更为精准地表现数据，如图 10-14 所示。

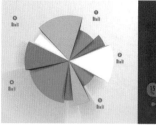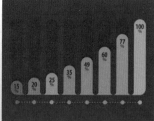

图 10-14

10.2.2 配色方案

环境污染这一主题往往给人一种低沉、浑浊之感，所以本案例采用了低纯度的配色方式。

▶ **主色**

本案例采用高明度浅灰色作为背景。浅灰色既是工业废气的颜色，又是雾霾中城市的颜色，以这种颜色作为整个画面的主色，很容易引起人们对环境污染的共鸣，如图 10-15 所示。

图 10-15

▶ 辅助色

画面中除了浅灰色的背景色外，主要的颜色均为低饱和度、低明度的高级灰颜色。例如占较大面积的作为文字底色的灰调棕绿色，这种颜色是一种典型的"脏色"，在浅灰色的背景下比较和谐，如图 10-16 所示。

图 10-16

▶ 点缀色

点缀色选择了卡其色、棕灰色和灰绿色，这三种颜色分别代表工业污染中的"三废"，主要出现在饼图的三个部分、柱状图的三个部分以及相应的文字中，起到相互呼应的作用，如图 10-17 所示。

图 10-17

▶ 其他配色方案

对于环境污染这一主题，如果想要更加明确地表现问题的严重性，灰色调也是个不错的选择。也可在灰色系的基础上增添某一低明度、低纯度的色彩，用以调节画面氛围，如图 10-18 所示。

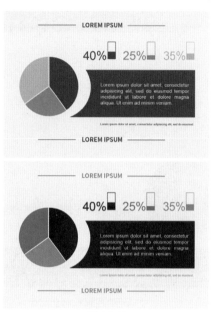

图 10-18

10.2.3 版面构图

版面主体采用分割式构图，版面被分割为左右两个部分。左侧为饼图，直观地显示了三种对象所占的大体比例，右侧上方为柱状图，以精确数字表示对象所占比例，右侧下方则为解释说明的文字。三部分内容的排布符合由左到右的视觉流程，如图 10-19 所示。

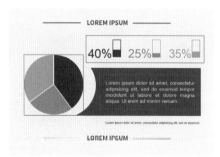

图 10-19

除此之外，可以将饼图和带有文字的色块连接置于页面的上半部分，将柱状图置于页面的中下部。还可以将饼状图和条状图左右均衡排列于上方，将带有文字的色块信息置于下方，整个版面以图像为主，更加吸引人的视线，如图 10-20 所示。

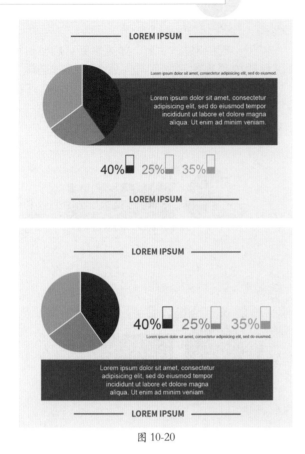

图 10-20

10.2.4 同类作品欣赏

10.2.5 项目实战

▶ 制作流程

　　本案例首先利用矩形工具和椭圆工具绘制两个图形，利用"路径查找器"画板进行"减去顶层"操作，得到右侧的分割图形；然后利用饼图工具绘制饼状数据图，通过将饼图进行解组，更改各部分颜色；最后使用文字工具输入信息文字，利用矩形工具与文字工具制作柱状图，如图 10-21 所示。

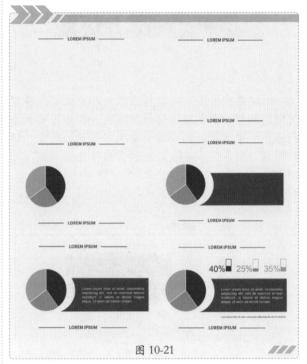

图 10-21

▶ 技术要点

　　☆ 使用"路径查找器"画板制作特殊图形。

　　☆ 使用饼图工具制作信息图。

▶ 操作步骤

　　步骤 01 执行菜单"文件"→"新建"命令，在弹出的"新建文档"对话框中单击"打印"，从中选择 A4，此时文档"宽度"为 297mm、"高度"为 210mm。设置"方向"为横向，参数设置如图 10-22 所示。选择工具箱中的矩形工具▢，在控制栏中设置"填充"为淡灰色、"描边"为无，绘制一个与文档同等大小的矩形，如图 10-23 所示。

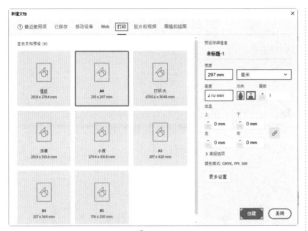

图 10-22

图 10-23

步骤 02　选择工具箱中的文字工具 **T**，在控制栏中选择合适的字体以及字号，然后在画面的上方输入文字，如图 10-24 所示。

PROMISED

图 10-24

步骤 03　选择工具箱中的矩形工具 **□**，设置"填充"为灰色、"描边"为无，然后在文字的左侧绘制细长的矩形直线，如图 10-25 所示。选择直线，按住 Shift+Alt 键向右拖曳将其平移并复制，如图 10-26

所示。

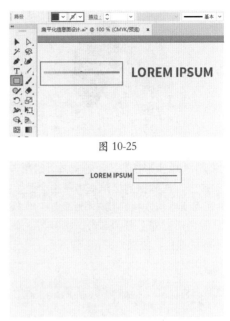

图 10-25

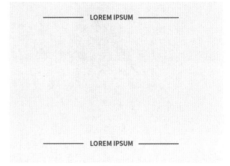

图 10-26

步骤 04　将文字和直线加选，使用快捷键 Ctrl+G 将其进行编组，然后将其复制一份并放置在画面的下方，效果如图 10-27 所示。

LOREM IPSUM

LOREM IPSUM

图 10-27

步骤 05　选择工具箱中的饼形工具 **●**，在画面中按住鼠标左键并拖曳，绘制出一个饼形，接着在弹出的窗口中输入数值，如图 10-28 所示。数值输入完成后单击"应用"按钮 **☑**，饼形图效果如图 10-29 所示。

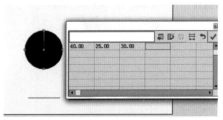

图 10-28

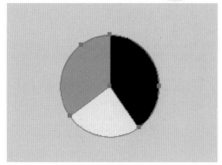

图 10-29

步骤06 选中饼形图表，执行菜单"对象"→"取消编组"命令，在弹出的提示框中单击"是"按钮，如图 10-30 所示。再次执行菜单"对象"→"取消编组"命令，此时饼形图即可分为 3 份，接着将 3 个部分分别填充不同的颜色，效果如图 10-31 所示。

图 10-30

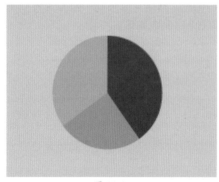

图 10-31

步骤07 将饼形图中的每个色块逐一进行移动，制作出中间的空隙，如图 10-32 所示。

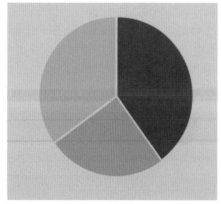

图 10-32

软件操作小贴士

在不将图表对象取消分组的情况如何更改颜色

绘制完图表后，可以使用直接选择工具选择图表的单个部分，然后对其进行填充和描边设置，如图 10-33 和图 10-34 所示。

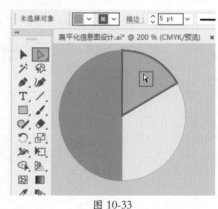

图 10-33

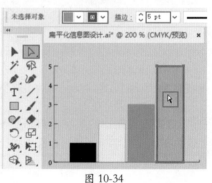

图 10-34

步骤08 选择工具箱中的矩形工具，在画面中绘制一个矩形，如图 10-35 所示。按住 Shift 键使用椭圆工具在矩形的左侧绘制一个正圆。将正圆和矩形加选，如图 10-36 所示。

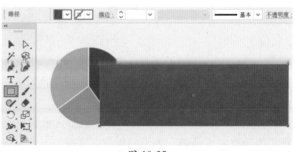

图 10-35

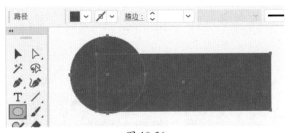

图 10-36

步骤09 执行菜单"创建"→"路径查找器"命令，在打开的"路径查找器"面板中单击"减去顶层"按钮 ，如图 10-37 所示。将得到的形状摆放在饼图的右侧，如图 10-38 所示。

图 10-37

图 10-38

步骤10 选择工具箱中的文字工具 ，在控制栏中选择合适的字体以及字号，然后在图形上方按住鼠标左键拖曳绘制一个文本框，如图 10-39 所示。在文本框内输入文字，如图 10-40 所示。

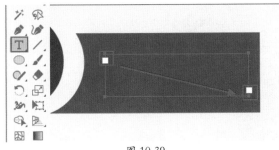

图 10-39

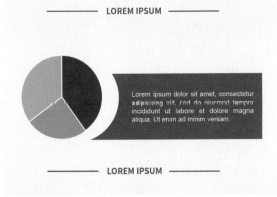

图 10-40

步骤11 在图形的下面输入文字，如图 10-41 所示。

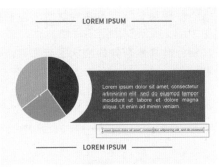

图 10-41

平面设计小贴士

扁平化风格

扁平化风格最核心的地方就是画面中的图形或文字均为扁平、极简、无特殊效果。扁平化风格在图表、图标中运用广泛，它可以直接将信息和事物展示出来，减少认知障碍，整个页面干净整洁。如本案例图表采用扁平化风格，清晰地显示信息数据，减少了冗杂感。

步骤12 选择工具箱中的矩形工具 ，在控制栏中设置"填充"为无、"描边"为咖啡色、"描边粗细"为 1pt，然后绘制一个矩形，如图 10-42 所示。继续使用矩形工具，设置"填充"为深棕色，在绘制完成的矩形上面再绘制一个合适大小的矩形，如图 10-43所示。

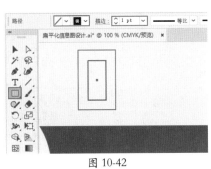

图 10-42

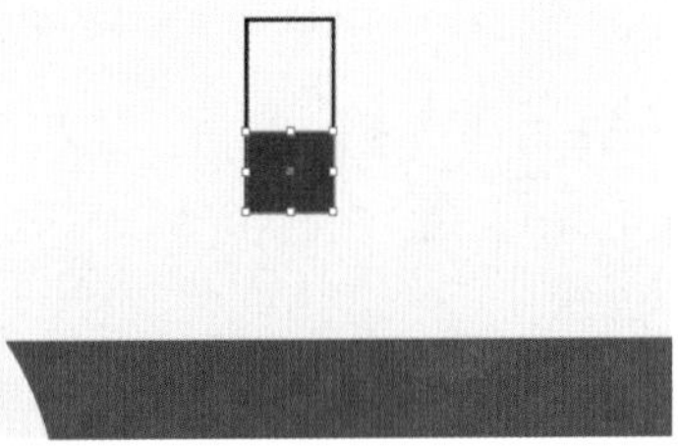

图 10-43

步骤 13 使用文字工具在柱状图的左侧输入文字，如图 10-44 所示。使用同样的方法，调整合适的颜色，制作出其他两处的柱状图与文字，效果如图 10-45 所示。

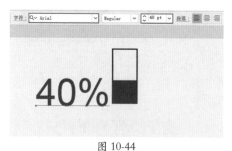

图 10-44

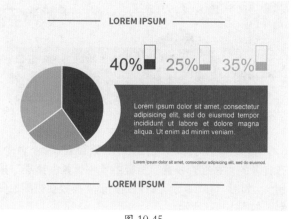

图 10-45

10.3 商业案例：产品功能分析图设计

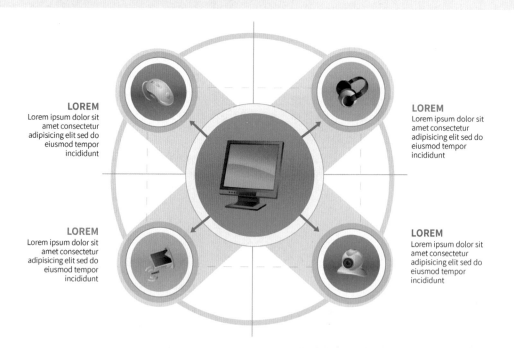

10.3.1 设计思路

▶ **案例类型**

本案例是为一款数码产品的功能分析设计的信息图项目。

▶ **项目诉求**

此信息图形设计要展现出计算机的特性以及所包含的硬件设备功能，意图体现出计算机的科技化、多样化、功能化等特性。本案例信息图形针对大众人群而非专业人员，设计风格要求简洁明了，信息传达应通俗直观，如图 10-46 所示。

图 10-46

▶ 设计定位

　　由于这款信息图形面向非专业人群，所以其中不宜出现过多专业术语或过多的文字信息。以简单直观的图形展示替代烦琐专业的文案罗列更容易吸引观者眼球，同时也更通俗易懂。本案例以矢量化的计算机图形为中心，四周均衡地展示其附属硬件设备的矢量图形，如图 10-47 所示。再以箭头进行链接，使观者能够迅速了解这五个部分的从属关系，如图 10-48 所示。

图 10-47　　　　　　图 10-48

10.3.2 配色方案

　　本案例的界面以大面积高明度的白和灰为主，点缀小面积的具有冷暖对比效果的纯色。虽然纯色的种类较多，但是由于其面积相对较小，所以并不会产生混乱之感。

▶ 主色

　　信息图形的背景以白色为底色，装饰图形采用的是明度稍低的浅灰，几种高明度的无彩色搭配在一起，往往能够展现干净利落之感，如图 10-49 所示。

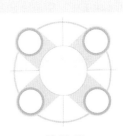

图 10-49

▶ 辅助色

　　画面中央采用暖调的橙色正圆图形作为计算机图形的底色。虽然图形所占面积并大，但是由于其纯度较高，所以还是能够将人们的注意力集中在画面主体物"计算机"上，如图 10-50 所示。

图 10-50

▶ 点缀色

　　点缀色主要位于主体物四周的辅助图形上，四个辅助图形均为尺寸稍小的正圆。为了与主体物相区分，所以选择了两种偏冷的颜色——蓝和绿，既与主体物的橙色产生了明确的反差，同时冷色的图形还会在视觉感受上产生一定的后退感，使主体物更为突出，如图 10-51 所示。

图 10-51

▶ 其他配色方案

画面中过多的颜色容易产生混乱之感，如果担心颜色过多较难把握，可以减去一种点缀色，将四个辅助图形更改为一种颜色，如图 10-52 所示。除此之外，还可以将主体物与辅助图形的背景颜色更换为同一色相的颜色。为了区分主次，可以在明度、纯度方面进行适当的调整，如图 10-53 所示。

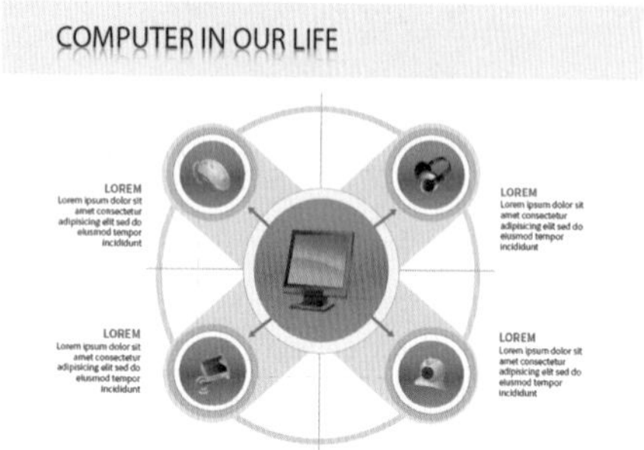

图 10-52

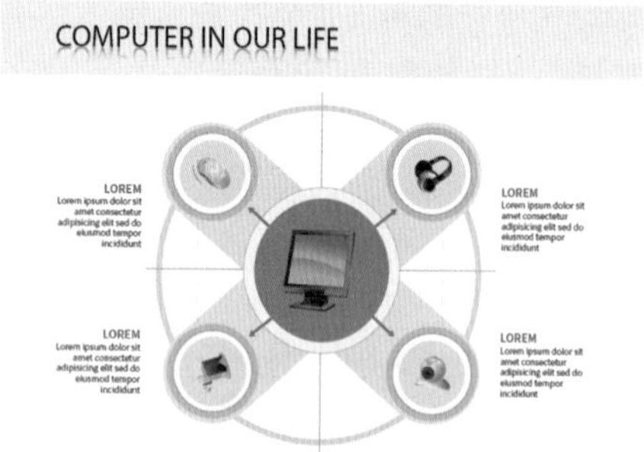

图 10-53

10.3.3 版面构图

整个版面的顶部为分析图的标题，直抒胸臆便于读者明确信息图形的目的。信息图形的主体部分是计算机及各个附属设备功能介绍。主体图片居于中心，文字介绍依附于不同功能的左右侧，整个页面为发散状形式，将一个主体分解为多个部分，与产品功能分析的方式相匹配，如图 10-54 所示。

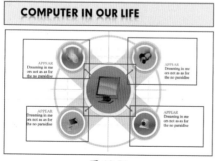

图 10-54

除此之外，还可以将标题居中，主体物摆放在页面上半部分中央区域，四个辅助图形及文字摆放在版面下部，横向均匀排列并以分支的形式展现，如图 10-55 所示。将主体物放大展示，辅助图形纵向排列在一侧，这样对于主体物的强调将更为明确，如图 10-56 所示。

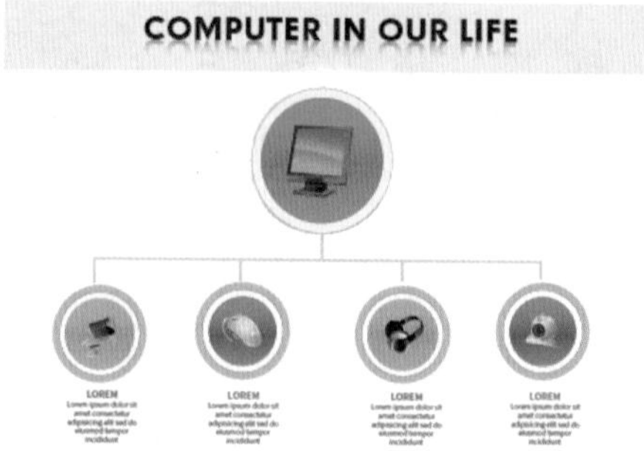

图 10-55

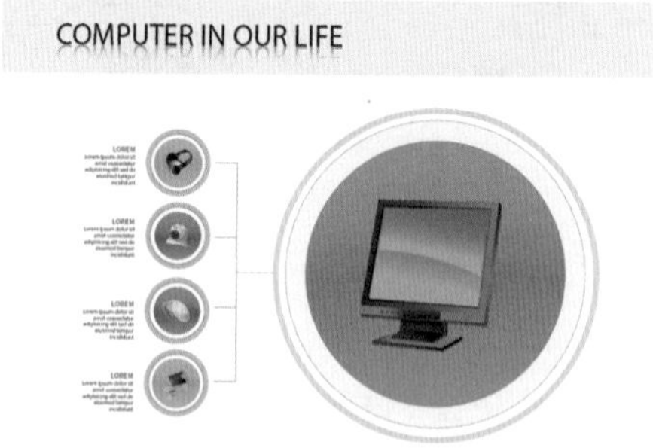

图 10-56

10.3.4 同类作品欣赏

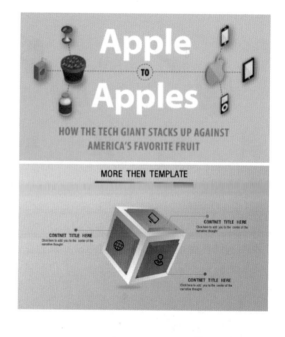

10.3.5 项目实战

▶ 制作流程

首先使用矩形工具绘制信息图的底色，利用文字工具与不透明度蒙版制作带有倒影的文字标题；接着使用椭圆工具、圆角矩形工具、直线工具制作信息图上的装饰图形；最后添加素材文件并使用文字工具在画面中添加文字信息，如图 10-57 所示。

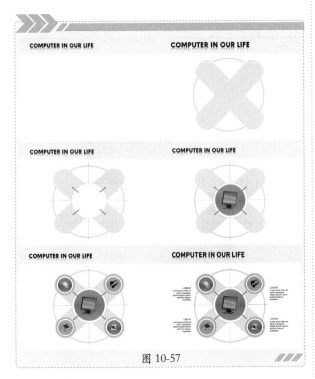

图 10-57

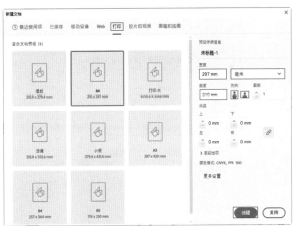

图 10-58

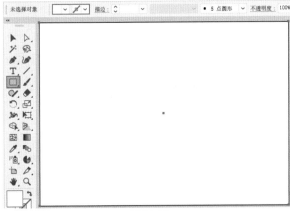

图 10-59

图 10-60

▶ 技术要点

☆ 使用不透明度蒙版制作文字倒影效果。

☆ 从符号库中调取箭头符号。

▶ 操作步骤

步骤 01 执行菜单"文件"→"新建"命令，在弹出的"新建文档"对话框中设置"宽度"为 297mm、"高度"为 210mm、"方向"为横向，参数设置如图 10-58 所示。选择工具箱中的矩形工具■，在控制栏中设置"填充"为白色、"描边"为无，然后绘制一个与画板等大的矩形，如图 10-59 所示。

步骤 02 继续使用矩形工具在画面的上方绘制一个矩形并填充为浅灰色，如图 10-60 所示。

步骤 03 选择工具箱中的文字工具■，在控制栏中选择合适的字体以及字号，在画面中输入文字，如图 10-61 所示。选择文字，执行菜单"对象"→"变换"→"镜像"命令，在打开的"镜像"对话框中选中"水平"单选按钮，单击"复制"按钮，如图 10-62 所示。将其移动到合适位置，作为文字的倒影，如图 10-63 所示。

图 10-61

图 10-62

图 10-63

步骤 04 使用矩形工具在作为倒影部分的文字上绘制一个矩形，然后填充由白色到黑色的渐变，如图 10-64 所示。将文字和矩形加选，执行菜单"窗口"→"透明度"命令，在打开的"透明度"面板中单击"制作蒙版"按钮，如图 10-65 所示。此时所选文字下半部分变为带有过渡的半透明效果，如图 10-66 所示。

图 10-64

图 10-65

COMPUTER IN OUR LIFE

图 10-66

软件操作小贴士

创建不透明度蒙版

不透明度蒙版既可以创建类似剪切蒙版的遮罩效果，又可以创建带有透明和渐变透明的蒙版遮罩效果。在不透明度蒙版中遵循以下原则：蒙版中黑色的区域，对象相对应的位置为 100% 透明；蒙版中白色的区域，对象相对应的位置为不透明；蒙版中灰色的区域，对象相对应的位置为半透明。不同级别的灰度为不同级别的透明效果，如图 10-67 所示。

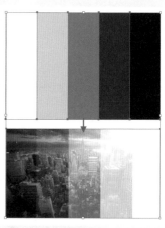

图 10-67

步骤 05 选择文字倒影，设置"不透明度"为 50%，如图 10-68 所示。

图 10-68

步骤 06 选择工具箱中的椭圆工具，在控制栏中设置"填充"为无、"描边"为灰色、"描边粗细"为 8pt，然后在画面中单击，在弹出的"椭圆"对话框中设置"宽度"为 157mm、"高度"为 157mm，如图 10-69 所示。设置完成后单击"确定"按钮，效果如图 10-70 所示。

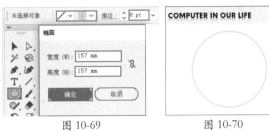

图 10-69   图 10-70

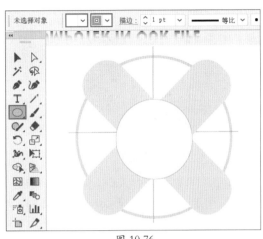

图 10-76

步骤 07 选择工具箱中的圆角矩形□，在控制栏中设置"填充"为浅灰色、"描边"为无，然后在画面中单击，在弹出的"圆角矩形"对话框中设置"宽度"为 45mm、"高度"为 180mm、"圆角半径"为 20mm，如图 10-71 所示。设置完成后单击"确定"按钮，完成圆角矩形的绘制。选择圆角矩形，按住 Shift 键的同时将其进行旋转，如图 10-72 所示。

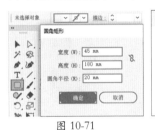 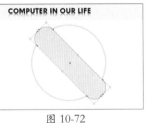

图 10-71   图 10-72

步骤 08 选择圆角矩形，执行菜单"对象"→"变换"→"镜像"命令，在弹出的"镜像"对话框中选中"垂直"单选按钮，单击"复制"按钮，如图 10-73 所示。此时效果如图 10-74 所示。

图 10-73   图 10-74

步骤 09 在选择工具箱中的直线段工具✓，在控制栏中设置"描边"为灰色，然后在相应位置按住 Shift 键的同时绘制直线，如图 10-75 所示。接着在其上面绘制一个正圆，如图 10-76 所示。

图 10-75

步骤 10 为画面中添加箭头。执行菜单"窗口"→"符号库"→"箭头"命令，打开"箭头"面板，选择"箭头 7"符号，将其拖曳到画面中，然后单击控制栏中的"断开链接"按钮，如图 10-77 所示。将箭头进行缩放，然后将其填充为灰色，如图 10-78 所示。将箭头进行复制，移动到相应位置，效果如图 10-79 所示。

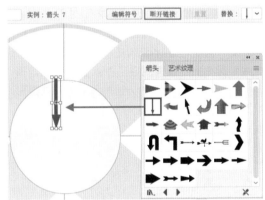

图 10-77

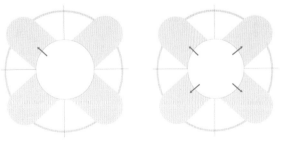

图 10-78   图 10-79

步骤 11 继续绘制一个正圆，然后执行菜单"窗口"→"渐变"命令，在"渐变"面板中设置"类型"为"线性"，编辑一个橘黄色系的渐变，如图 10-80 所示。正圆效果如图 10-81 所示。

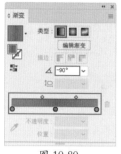

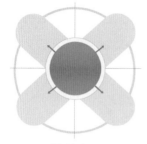

图 10-80   图 10-81

步骤 12 打开素材文件"1.ai"，然后选择电脑素材，如图 10-82 所示。使用快捷键 Ctrl+C 进行复制，然后回到案例制作文档中，使用快捷键 Ctrl+V 进行粘贴，并移动到橘色正圆中，如图 10-83 所示。

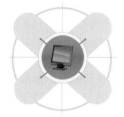

图 10-82   图 10-83

步骤 13 选择工具箱中的矩形工具 ▢，设置"填充"为无、"描边"为橘黄色，然后展开"描边"面板，设置"粗细"为 1pt，勾选"虚线"复选框，设置"虚线"为 12pt，设置完成后在画面中绘制矩形，如图 10-84 所示。使用同样的方法制作另外四处图形，效果如图 10-85 所示。

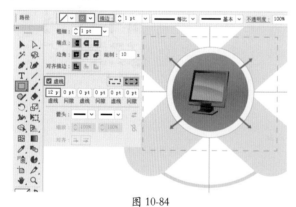

图 10-84

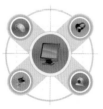

图 10-85

步骤 14 选择工具箱中的文字工具 T，在控制栏中选择合适的字体、字号，然后输入文字，如图 10-86 所示。继续使用文字工具，选择合适的字体以及字号，调整颜色为黑色，设置"段落"为右对齐，输入文字，如图 10-87 所示。

图 10-86

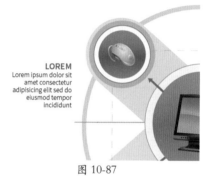

图 10-87

平面设计小贴士

图表中文字与图形排列注意事项

不管是矢量图形的图表设计还是故事性的图形设计，文字与图形的排列是首要注意事项。每个文字介绍应置于其对应的主题旁边。将各个功能对应各自功能文字信息介绍，逻辑清晰、信息明确，能让图片和解释性文字连接更为紧密。

步骤 15 继续使用文字工具输入文字，左侧的文字仍然选择右对齐方式，右侧的文字则选择左对齐方式，效果如图 10-88 所示。

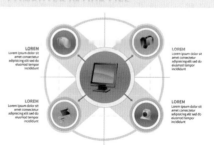

图 10-88

10.4 商业案例：儿童食品调查分析信息图形设计

本案例是儿童食品调查分析信息图形设计项目。有关本案例的设计思路、配色方案、版面构图、同类作品欣赏以及项目实践的内容通过扫描右侧的二维码下载后进行学习。

10.5 优秀作品欣赏

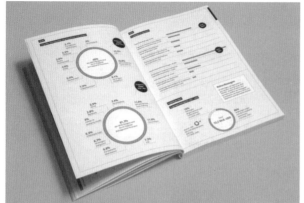

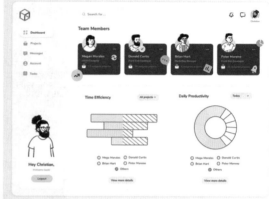

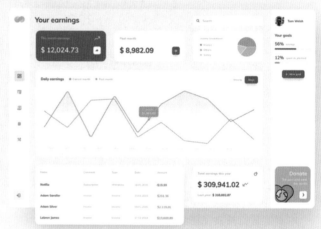

第 11 章 VI 设计

在经济全球化、科学信息化、文化多元化的潮流中，企业之间的竞争愈演愈烈，要想在这激烈的竞争中占有一席之地，就必须完善企业的整体结构体系。VI 设计是企业发展的重要组成部分，一套好的 VI 设计方案在一定程度上能够促进企业的发展。本章主要从 VI 的含义、VI 设计的主要组成部分等几个方面来学习 VI 设计。

11.1 VI 设计概述

VI 设计是对企业文化、企业产品进行一系列包装，以此区别于其他企业和其他产品，它是企业的无形资产。VI 设计在企业发展中的地位和作用不容忽视，它能够为企业树立良好的品牌形象，从而提高企业的知名度，如图 11-1 所示。

图 11-1

11.1.1 VI 的含义

VI 即 Visual Identity，通常翻译为视觉识别系统。VI 是 CIS 的重要组成部分。CIS 即 Corporate Identity System，通译为企业形象识别，主要由企业理念识别（Mind Identity）、企业行为识别（Behavior Identity）、企业视觉识别（Visual Identity）三部分构成。其中，VI 是用视觉形象来进行个性识别，是企业形象识别系统的重要组成部分。VI 作为企业的外在形象，浓缩着企业特征、信誉和文化，代表其品牌的核心价值。它是传播企业经营理念、建立企业知名度、塑造企业形象最便捷的途径，如图 11-2 所示。

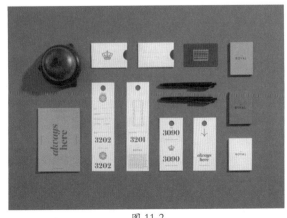

图 11-2

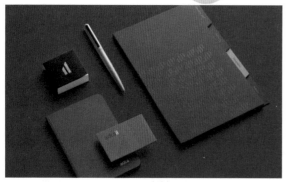

图 11-2（续）

11.1.2 VI 设计的主要组成部分

企业 VI 设计是塑造产品品牌的重要因素，只有表现出鲜明的企业特性、良好的企业形象，才能更好地宣传企业品牌，为企业创造更多的价值。VI 设计的主要内容包括基础部分和应用部分。

1. 基础部分

基础部分是视觉形象系统的核心，主要包括品牌名称、品牌标志、标准字体、品牌标准色、品牌象征图形、品牌吉祥物等。

品牌名称：品牌名称即企业的命名。企业的命名方法有很多种，如以名字或名字的第一个字母命名，或以地方命名，或以动物、水果、物体命名等。品牌的名称浓缩了品牌的特征、属性、类别等多种信息。通常企业名称要求简单、明确、易读、易记忆，且能够引发联想，如图 11-3 所示。

图 11-3

品牌标志：品牌标志是在掌握品牌文化、背景、特色的前提下利用文字、图形、色彩等元素设计出来的标识或者符号。品牌标志又称为品标，与品牌名称一样都是构成完整的品牌的要素。品牌标志以直观、形象的形式向消费者传达了品牌信息，塑造了品牌形象，创造了品牌认知，给品牌企业创造了更多价值，如图 11-4 所示。

标准字体：标准字体是指经过设计的，专用以表现企业名称或品牌的字体，也可称为专用字体、个性字体等。标准字体包括企业名称标准字和品牌标准字，更具严谨性、说明性和独特性，强化了企业形象和品

牌的诉求，并且达到视觉和听觉同步传递信息的效果，如图 11-5 所示。

图 11-4

图 11-5

品牌标准色：品牌标准色是用来象征企业或产品特性的定制颜色，是建立统一形象的视觉要素之一，能正确地反映品牌理念的特质、属性和情感，以快速而精确地传达企业信息为目的。标准色有单色标准色、复合标准色、多色系统标准色等类型。标准色设计要能体现企业的经营理念和产品特性，突出竞争企业之间的差异性，适合消费心理，如图 11-6 所示。

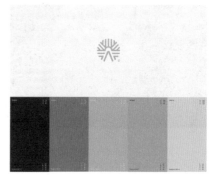

图 11-6

品牌象征图形：品牌象征图形也称为辅助图案，可以有效地辅助视觉系统的应用。象征图形在传播媒介中可以丰富整体内容、强化企业整体形象，如图 11-7 所示。

图 11-7

品牌吉祥物：品牌吉祥物是为配合广告宣传，为企业量身创造的人物、动物、植物等拟人化的造型。以这种形象拉近消费者的关系，拉近与品牌的距离，能使整个品牌形象更加生动、有趣，让人印象深刻，如图 11 8 所示。

图 11-8

2. 应用部分

"应用部分"一般是在"基础部分"的视觉要素基础上进行延展设计。将 VI 基础部分中设定的规则应用到各个元素上，以求一种同一性、系统性，并加强品牌形象。应用部分主要包括办公事务用品、产品包装、环境和指示、交通工具、服装服饰、广告媒体、建筑内外部、陈列展示、印刷品、网络推广等几类。

办公事务用品：办公事务用品主要包括名片、信封、便笺、合同书、传真函、报价单、文件夹、文件袋、资料袋、工作证、备忘录、办公用具等，如图 11-9 所示。

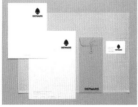

图 11-9

产品包装：产品包装包括纸盒包装、纸袋包装、木箱包装、玻璃包装、塑料包装、金属包装、陶瓷包装等多种材料形式的包装。产品包装不仅可以保护产品在运输过程中不受损害，还可以起到传播、推广企业和品牌形象的作用，如图 11-10 所示。

图 11-10

交通工具：交通工具包括业务用车、运货车等企业的各种车辆，如轿车、面包车、大巴士、货车、工具车等，如图 11-11 所示。

图 11-11

服装服饰：统一的服装服饰设计，不仅可以在与受众面对面的服务领域起到识别作用，还能提高品牌员工的归属感、荣誉感、责任感，并提高工作效率。VI 设计中的服装服饰部分主要包括男女制服、工作服、文化衫、领带、工作帽、纽扣、肩章等，如图 11-12 所示。

图 11-12

广告媒体：广告媒体主要包括报纸、杂志、招贴广告等媒介。采用多种类型的媒体和广告形式，能够快速、广泛地传播企业信息，如图 11-13 所示。

图 11-13

建筑内外部：VI 设计的建筑外部主要包括建筑造型、公司旗帜、门面招牌、霓虹灯等，建筑内部包括各部门标识牌、楼层标识牌、形象牌、旗帜、广告牌、POP 广告等，如图 11-14 所示。

图 11-14

陈列展示：陈列展示是对企业产品或企业发展历史的展示宣传活动，主要包括橱窗展示、展示会场设计、货架商品展示、陈列商品展示等，如图 11-15 所示。

图 11-15

印刷品：VI 设计中的印刷品主要是指设计编排一致，采用固定印刷字体和排版格式并将品牌标志和标准字统一安置于某一特定的版式，以营造一种统一的视觉形象为目的的印刷物，主要包括企业简介、商品说明书、产品简介、年历、宣传明信片等，如图 11-16 所示。

图 11-16

网络推广：网络推广是 VI 设计中的一种新兴的应用，包括网页的版式设计和基本流程等，主要由品牌的主页、品牌活动介绍、品牌代言人展示、品牌商品网络展示和销售等构成，如图 11-17 所示。

图 11-17

11.2 商业案例：房地产 VI 与标志设计

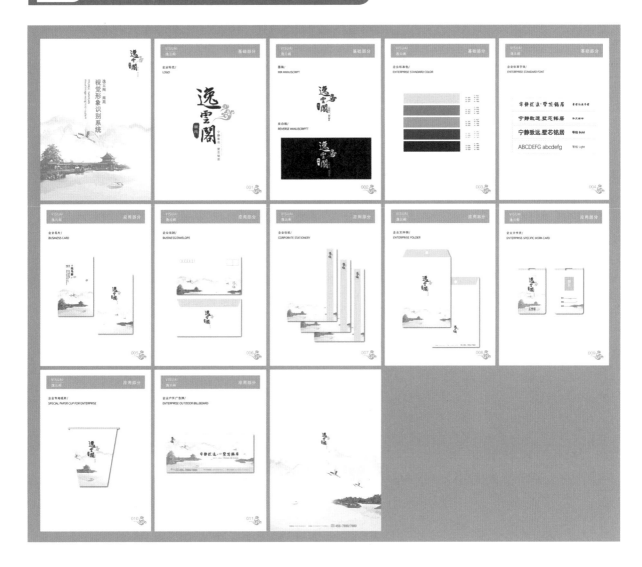

11.2.1 设计思路

▶ **案例类型**

本案例是为名称为"逸云阁"的高端楼盘视觉形象设计项目。

▶ **项目诉求**

这是一个由平墅、联排、合院为主要产品的高端楼盘项目，建筑风格为中式，园区景观雅致大气。由于该楼盘所处位置远离市中心，依山傍水，环境清幽美丽，因此在进行 VI 设计时，要展现出楼盘的高端精致以及环境的古朴素静，如图 11-18 所示。

图 11-18

▶ 设计定位

本案例中的楼盘为高端大气的中式风格，为了表现整体格调，我们选用了具有东方特色的古典雅致的颜色。标识图形方面，依据品牌名称"逸云阁"的内涵，提取出祥云、水墨、印章等中式元素，并采用飘逸的繁体书法字营造了浓浓的古典、雅致氛围，如图 11-19 所示。

图 11-19

11.2.2 配色方案

本案例标志根据企业名称进行设计，为了凸显楼盘的古典与雅致，我们选用黑色、土黄色、暗红色作为标准色，在不同颜色的对比组合下，凸显项目的内涵与韵味。

▶ 主色

标志部分主要由文字和图形两个部分组成，作为主体的文字部分采用黑色。黑色是中国传统绘画中常用的水墨颜色，在所有颜色中明度最低，浑厚浓郁，适合展现中式建筑的深邃与内敛，如图 11-20 所示。

图 11-20

▶ 辅助色

标志中如果只使用黑色，难免会给人压抑、沉闷的感受，因此需要选择其他颜色进行搭配。本案例采

用明度适中的土黄色进行中和，同时也为版面增添些许的活跃氛围。黄色系色彩在中国传统文化中象征着尊贵与吉祥，将其运用在房地产行业的标识中，可以凸显出楼盘的高端与大气，如图 11-21 所示。

图 11-21

▶ 点缀色

本案例的标志在黑色与土黄色的基础上，选用暗红色作为点缀色。明度偏低的暗红色具有内敛、雅致的色彩特征，同时黄色与红色也都是中式建筑常出现的颜色，将其与印章元素相结合，更具视觉统一感，如图 11-22 所示。

图 11-22

在整套 VI 设计方案中，还运用到了一些灰调的色彩。单纯的灰色不免过于单调，所以在其中添加少量米黄色。米黄调的灰色让人想起古代文人雅士常用的宣纸，以此可表现出楼盘如世外桃源般的清幽与安逸，如图 11-23 所示。

图 11-23

11.2.3 版面构图

整套 VI 设计方案中出现的版面均参考了中国画的

构图规律，元素安排力求疏密有致、浓淡适宜。大面积留白的运用不仅增添了想象的空间，同时还与楼盘清幽雅致的格调相呼应。为了更好地展现项目的风韵，版面运用了水墨画元素作为版面的背景。意境高远的水墨画将楼盘特有的自然环境以挥毫泼墨的彤式呈现出来，更具视觉吸引力。

　　版面的具体构成方式都比较简单，名片、信封、文件袋、工作证等内容大多采用上下分割式的构图，主要内容位于上半部，下半部分主要为烘托气氛的水墨画。户外广告则以水墨画为底，简单的广告语位于版面偏右侧的区域。联系方式以及地址等信息则以更清晰的颜色在版面底部展示，如图 11-24 所示。

图 11-24

11.2.4　同类作品欣赏

11.2.5　项目实战

▶ 制作流程

　　标志是整套 VI 设计方案的核心，使用频率也是最高的。制作标志时，首先输入文字，然后制作镂空的印章图形，接着通过钢笔工具绘制祥云图案，最后使用直排文字工具添加直排文字。继续使用矩形工具、文字工具制作标准色、标准字等内容。然后制作应用部分，包括名片、工作证等内容。最终将制作的基础部分和应用部分整合到一个文档内，完成 VI 手册的制作，如图 11-25 所示。

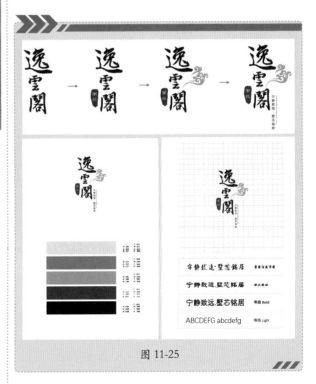

图 11-25

图 11-25（续）

▶ 技术要点

☆ 使用文字工具和直排文字工具制作标志文字。

☆ 使用变形工具制作不规则的印章图形。

☆ 使用钢笔工具绘制祥云图案。

☆ 使用矩形网格工具绘制矩形网格。

▶ 操作步骤

1. 制作企业标志

步骤01 首先新建一个 A4 大小的竖向空白文档。接着选择工具箱中的矩形工具，在控制栏中设置"填充"为白色、"描边"为无。设置完成后绘制一个与画板等大的矩形，如图 11-26 所示。

图 11-26

步骤02 接着制作主体文字。选择工具箱中的文字工具，在画板中输入文字。在控制栏中设置"填充"为黑色、"描边"为无，同时选择一种书法字体，设置合适的字体大小，如图 11-27 所示。

步骤03 继续使用文字工具，用相同的字体分别输入另外两个文字。通过设置不同的字号，在大小对比中增强层次感，如图 11-28 所示。

图 11-27　　　　　　　　　图 11-28

步骤04 接下来制作标志主体文字左下角的印章文字。选择工具箱中的圆角矩形工具，在控制栏中设置"填充"为深红色、"描边"为无、"圆角半径"为 5mm。设置完成后在画板外绘制图形，如图 11-29 所示。

步骤 05 接着对圆角矩形形态进行调整,使其呈现出边缘随意变化的自然状态。在图形选中状态下,双击工具箱中的变形工具,在弹出的"变形工具选项"对话框中对相应的数值进行设置。设置完成后单击"确定"按钮(此处设置没有固定参数,随着操作的进行,我们可以随时随地对数值进行调整,使其为制作效果提供便利),如图 11-30 所示。

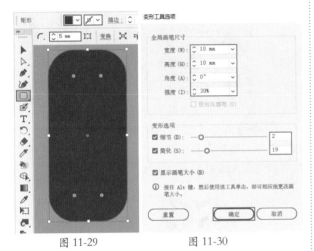

图 11-29 　　　　图 11-30

步骤 06 设置完成后,将光标放在深红色矩形右上角,拖动鼠标向右上角拖拽,如图 11-31 所示。

步骤 07 释放鼠标后,图形产生变化,同时可以看到在拖动部位出现了一些锚点,如图 11-32 所示。

步骤 08 也可以使用工具箱中的直接选择工具将锚点选中,拖动锚点进行变形操作,如图 11-33 所示。

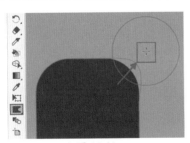

图 11-31

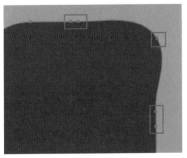

图 11-32

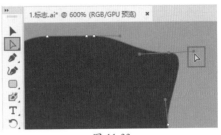

图 11-33

步骤 09 接着使用同样的方法,对圆角矩形不同位置进行变形操作,同时结合直接选择工具,对局部细节效果进行调整(最终的变形效果无需与案例效果一致,只要具有一定的视觉美感,且与整体格调相一致即可,最重要的是要掌握具体的操作方法)如图 11-34 所示。

步骤 10 下面在深红色变形图形上添加文字。选择工具箱中的直排文字工具 IT,在深红色图形上方输入文字。选择文字,设置合适的字体、字号,如图 11-35 所示。

图 11-34 　　　　　图 11-35

步骤 11 接着需要将文字对象转换为图形对象。将文字选中,执行菜单"对象"→"扩展"命令,在"扩展"对话框中单击"确定"按钮。此时即将文字对象转换为图形对象,如图 11-36 所示。

图 11-36

步骤12 接下来制作镂空文字效果。将文字对象和底部图形选中，在打开的"路径查找器"面板中单击"减去顶层"按钮，将文字在底部图形中减去，如图 11-37 所示。

图 11-37

步骤13 然后将其移动至画板中，放置在主体文字左下角，如图 11-38 所示。

图 11-38

步骤14 下面制作主体文字右侧的祥云图形。选择工具箱中的钢笔工具 ，在控制栏中设置"填充"为土黄色、"描边"为无。设置完成后，在文档空白位置，以单击添加锚点的方式绘制出祥云图形的大致轮廓，如图 11-39 所示。

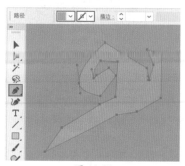

图 11-39

步骤15 接着在祥云图形选中状态下，选择工具箱中的直接选择工具 ，将尖角锚点调整为圆角锚点，同时拖动控制手柄对图形进行变形操作，如图 11-40 所示。

图 11-40

步骤16 接下来使用同样的方法，制作另外一个祥云图形。然后将两个图形选中，移动至画板主体文字右侧位置，如图 11-41 所示。

图 11-41

步骤17 继续使用直排文字工具在主体文字右下角添加小文字，丰富标志的细节效果。此时标志制作完成（可以将标志编组并复制，以备后面使用），如图 11-42 所示。

图 11-42

2. 制作标准色

步骤 01 新建一个 A4 大小的竖向空白文档。接着将制作完成的标志文档打开，把标志复制一份，放在当前文档中间偏上部位，并将其适当缩小，如图 11-43 所示。

图 11-43

步骤 02 接下来在画板下半部分绘制标准色图形。选择工具箱中的矩形工具▭，在控制栏中设置"填充"为灰色、"描边"为无。设置完成后绘制一个长条矩形，如图 11-44 所示。

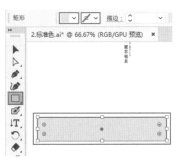

图 11-44

步骤 03 接着在矩形右侧输入相应的颜色参数。选择工具箱中的文字工具 T ，在灰色矩形右侧输入文字。选中文字，在控制栏中设置"填充"为黑色、"描边"为无，同时设置合适的字体、字号，对齐方式为"左对齐"，如图 11-45 所示。

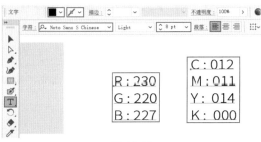

图 11-45

步骤 04 将制作完成的矩形色块和后方数值文字选中，按住 Alt 键和鼠标左键向下拖曳的同时按住 Shift 键，这样可以保证图形在同一垂直线上。至下方合适位置

时释放鼠标左键，将图形复制一份，如图 11-46 所示。

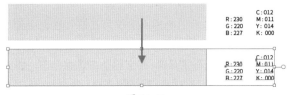

图 11-46

步骤 05 在当前复制状态下，使用三次快捷键 Ctrl+D 将图形与文字进行相同移动方向与移动距离的复制，如图 11-47 所示。

步骤 06 接着对复制得到的矩形与文字进行填充颜色与文字内容的更改，此时标准色制作完成（先复制再更改的目的在于省去了后续的对齐操作，也保证了多个图形及文字的尺寸相同），如图 11-48 所示。

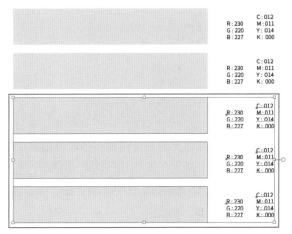

图 11-47

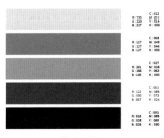

图 11-48

3. 制作标准字

步骤 01 从案例效果中可以看出，画面上半部分为由网格精准显示的标志，底部为在制作过程中使用的标准字体。新建空白文档。首先制作网格，选择工具箱中的矩形网格工具 ，在文档空白位置单击，在"矩形网格工具选项"对话框中设置"宽度"为 160mm、"高度"为 160mm、"水平分隔线"数量为 20、"垂直分隔线"数量为 20，单击"确定"按钮，如图 11-49 所示。

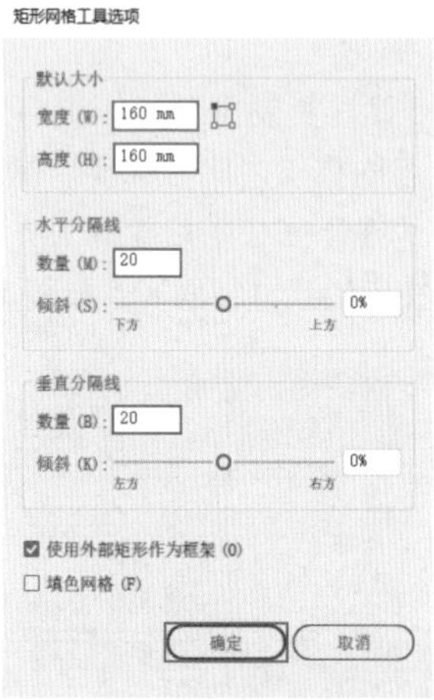

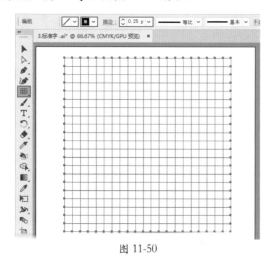

图 11-49

步骤 02 将制作完成的矩形网格移动至画板中，在控制栏中设置"填充"为无、"描边"为黑色、"描边粗细"为 0.25pt，如图 11-50 所示。

图 11-50

步骤 03 接着将制作完成的标志文档打开，把标志复制一份，放在当前操作文档的矩形网格上方，并将标志适当缩小，以网格线作为限制范围进行精准显示，如图 11-51 所示。

步骤 04 接着绘制矩形边框。选择工具箱中的矩

形工具 ，在控制栏中设置"填充"为无、"描边"为深灰色、"描边粗细"为 0.25pt。设置完成后在网格底部绘制图形，如图 11-52 所示。

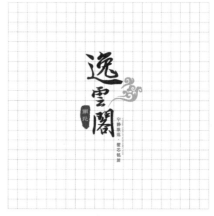

图 11-51

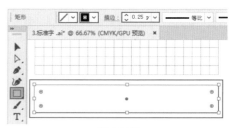

图 11-52

步骤 05 选择工具箱中的文字工具 ，在矩形边框左侧输入文字。选中文字，在控制栏中设置"填充"为黑色、"描边"为无，同时设置合适的字体、字号，如图 11-53 所示。

图 11-53

步骤 06 继续使用文字工具在已有文字右侧输入文字使用的字体名称，如图 11-54 所示。

图 11-54

步骤 07 移动复制第一组标准字的各个部分到下方位置，并使用两次复制快捷键 Ctrl+D，得到另外两个相同的模块，如图 11-55 所示。

图 11-55

步骤 08 使用文字工具对这几部分文字的内容和字体进行更改。此时企业标准字制作完成，如图 11-56 所示。

图 11-56

4. 制作企业名片

步骤 01 执行菜单"文件"→"新建"命令，在"新建文档"对话框中设置"宽度"为 55mm、"高度"为 90mm、"方向"为竖向、"画板"为 2。单击"创建"按钮，如图 11-57 所示。

图 11-57

步骤 02 此时，创建两个空白画板，如图 11-58 所示。

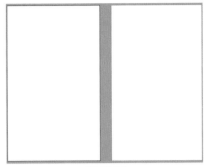

图 11-58

步骤 03 制作名片正面。选择工具箱中的矩形工具▢，在控制栏中设置"填充"为白色、"描边"为无。设置完成后绘制一个与画板等大的矩形，如图 11-59 所示。

图 11-59

步骤 04 接下来在名片正面文档底部添加山水画。将素材"1.ai"打开，选中需要使用的素材部分，使用快捷键 Ctrl+C，进行复制，如图 11-60 所示。

图 11-60

步骤 05 返回到当前文档中，使用快捷键 Ctrl+V 进行粘贴，并放置在当前文档底部，如图 11-61 所示。

图 11-61

步骤 06 下面在文档顶部添加文字。选择工具箱中的直排文字工具 T，在文档顶部单击添加文字。选择该文字，在控制栏中设置"填充"为黑色、"描边"为无，同时设置合适的字体、字号，如图 11-62 所示。

图 11-62

步骤 07 接着继续使用直排文字工具，在人名文字左侧添加其他文字，如图 11-63 所示。

步骤 08 选择工具箱中的椭圆工具 ○，在控制栏中设置"填充"为无、"描边"为深红色、"描边粗细"为 0.5pt。设置完成后，在人名文字上方按住 Shift 键的同时拖动鼠标绘制正圆，如图 11-64 所示。

步骤 09 将制作完成的正圆选中，使用快捷键 Ctrl+C 进行复制，使用快捷键 Ctrl+F 进行原位粘贴。然后将光标放在复制得到的正圆定界框一角，按住 Shift+Alt 键的同时按住鼠标左键向左下角拖动，将图形进行等比例中心缩小，如图 11-65 所示。

步骤 10 接着将制作完成的标志文档打开，把祥

云图形复制一份，粘贴在当前操作文档中，移动到人名下方。此时名片正面制作完成，如图 11-66 所示。

图 11-63

图 11-64

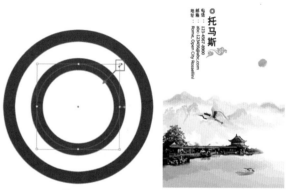

图 11-65   图 11-66

步骤 11 下面制作名片背面效果。将名片正面的白色背景矩形复制一份，放在右侧画板中。然后在打开的素材"1.ai"文档中，选中并复制另外一部分背景素材，如图 11-67 所示。

图 11-67

步骤 12 将复制的背景素材粘贴到当前文档中，移动到底部，如图 11-68 所示。

图 11-68

步骤 13 接着在画板顶部空白位置添加标志。此时名片正反面制作完成，如图 11-69 所示。

图 11-69

5. 制作工作证

步骤 01 执行菜单"文件"→"新建"命令，新建一个"宽度"为 54mm、"高度"为 85.5mm、"方向"为竖向、"画板"为 2 的空白文档，如图 11-70 所示。

步骤 02 选择工具箱中的矩形工具，在控制栏中设置"填充"为白色、"描边"为无。设置完成后绘制一个与画板等大的矩形，如图 11-71 所示。

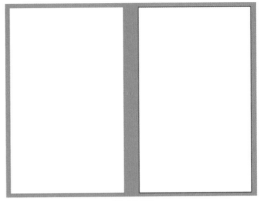

图 11-70

图 11-71

步骤 03 在素材"1.ai"中复制部分背景，放置在当前文档底部，如图 11-72 所示。

步骤 04 将素材选中，在"透明度"面板中设置"不透明度"为 50%，如图 11-73 所示。

图 11-72

图 11-73

步骤 05 设置完成后的效果如图 11-74 所示。

图 11-74

步骤06 选择工具箱中的矩形工具■，在控制栏中设置"填充"为浅灰色、"描边"为无。在画板顶部绘制一个长条矩形，如图 11-75 所示。

图 11-75

步骤07 将制作完成的标志文档打开，把标志复制一份，放在当前操作文档中，如图 11-76 所示。

步骤08 下面在标志右上角和左下角添加折线，增强视觉聚拢感。选择工具箱中的钢笔工具■，在控制栏中设置"填充"为无、"描边"为土黄色，"描边粗细"为1pt。设置完成后在右上角绘制一个折线（绘制 90° 转角的折线时可按住 Shift 键），如图 11-77 所示。

图 11-76   图 11-77

步骤09 接着制作左下角的折线。将右上角的折线复制一份，放在左下角。然后在复制得到的折线选择状态下，右击，在弹出的快捷菜单中执行"变换"→"镜像"命令，在"镜像"对话框中选中"垂直"单选按钮，

设置完成后单击"确定"按钮，如图 11-78 所示。

图 11-78

步骤10 将折线进行垂直方向的对称，如图 11-79 所示。

图 11-79

步骤11 在当前折线状态下，再次执行"变换"→"镜像"命令，在"镜像"对话框中选中"水平"单选按钮，设置完成后单击"确定"按钮，如图 11-80 所示。

步骤12 将折线进行水平方向的对称，并对其摆放位置进行调整，如图 11-81 所示。

图 11-80

图 11-81

步骤 13 下面在该画板底部添加文字。选择工具箱中的文字工具 T.，在画板底部输入文字。选择该文字，在控制栏中设置"填充"为深灰色、"描边"为无，同时设置合适的字体、字号，如图 11-82 所示。

图 11-82

步骤 14 继续使用"文字工具"在已有文字底部输入相应的英文，如图 11-83 所示。

步骤 15 接着制作工作证的另外一面。将工作证背面的白色矩形背景和顶部浅灰色长条矩形复制一份，放置在右侧空白画板上方，如图 11-84 所示。

图 11-83　　　　　图 11-84

步骤 16 接下来从素材"1.ai"中复制部分背景元素，摆放在画板底部。然后在控制栏中设置"不透明度"为 50%，如图 11-85 所示。

步骤 17 下面在正面画板顶部空白位置绘制放置照片的矩形。选择工具箱中的矩形工具 ▣，在控制栏中设置"填充"为灰色、"描边"为浅灰色，"描边粗细"为 2pt。设置完成后在画板空白位置绘制图形，如图 11-86 所示。

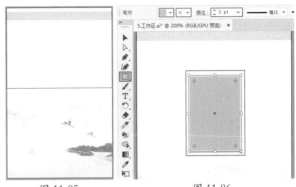

图 11-85　　　　　　　　图 11-86

步骤 18 选择工具箱中的直排文字工具 IT.，在矩形内部输入文字。选择该文字，在控制栏中设置"填充"为浅灰色、"描边"为无，同时设置合适的字体、字号，如图 11-87 所示。

图 11-87

步骤 19 继续使用文字工具在山水素材左侧输入文字，如图 11-88 所示。

图 11-88

步骤20 接着对输入文字的行间距进行调整。在文字选中状态下，在打开的"字符"面板中增大"行间距"，此时文字的行间距被加宽，如图 11-89 所示。

图 11-89

步骤21 选择工具箱中的直线段工具 ，在控制栏中设置"填充"为无、"描边"为深灰色、"描边粗细"为 0.5pt。设置完成后在文字"部门"右侧按住 Shift 键的同时按住鼠标左键拖动绘制一条水平直线段，如图 11-90 所示。

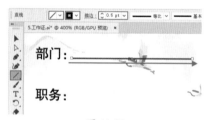

图 11-90

步骤22 将制作完成的直线段复制两份，放置在其下方。此时工作证正面制作完成，如图 11-91 所示。

步骤23 接下来制作工作证立体展示效果。选择工具箱中的圆角矩形工具 ，在控制栏中设置"填充"为无、"描边"为黑色、"描边粗细"为 1pt。设置完成后文档空白位置单击，在"圆角矩形"对话框中设置"宽度"为 55mm、"高度"为 85.5mm、"圆角半径"为 3mm，单击"确定"按钮，如图 11-92 所示。

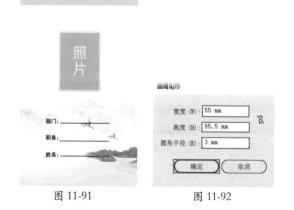

图 11-91　　　　　图 11-92

步骤24 设置完成后的效果如图 11-93 所示。

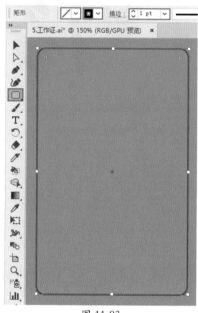

图 11-93

步骤25 继续使用圆角矩形工具在已有图形内部顶端，再次绘制一个小一些的圆角矩形，如图 11-94 所示。

图 11-94

步骤26 接着制作镂空效果。将两个圆角矩形选中，在打开的"路径查找器"面板中单击"减去顶层"按钮，将小圆角矩形从大圆角矩形上方减去，如图 11-95 所示。

图 11-95

步骤27 将第一款工作证平面图选中，使用快捷键 Ctrl+G 进行编组，如图 11-96 所示。

图 11-96

步骤 28 复制一份，放置在文档空白处。然后将镂空圆角矩形复制一份，放置在平面图上方，如图 11-97 所示。

步骤 29 将顶部的镂空图形和底部编组的平面图选中，使用快捷键 Ctrl+7 创建剪切蒙版，如图 11-98 所示。

图 11-97　　　　图 11-98

步骤 30 使用同样的方法，制作另外一款工作证的展示效果，如图 11-99 所示。

图 11-99

6. 制作文件袋

步骤 01 新建一个 A4 大小的竖向空白文档。接着选择工具箱中的矩形工具，在控制栏中设置"填充"为白色、"描边"为无。设置完成后绘制一个与画板等大的矩形，如图 11-100 所示。

图 11-100

步骤 02 接着在白色矩形下半部分添加山水素材。将素材"1.ai"打开，把较宽的山水素材选中并复制，如图 11-101 所示。

图 11-101

步骤 03 粘贴到当前操作文档中，缩放到合适大小并移动到底部位置，如图 11-102 所示。

图 11-102

步骤 04 接下来制作文件袋顶部的封口图形。选择工具箱中的钢笔工具，在控制栏中设置"填充"为浅灰色、"描边"为无。设置完成后在白色矩形顶部绘制图形，如图 11-103 所示。

图 11-103

步骤 05 下面制作文件袋封口的卡扣。选择工具箱中的椭圆工具，在控制栏中设置"填充"为无、"描边"为白色、"描边粗细"为 5pt。设置完成后在浅灰色不规则图形中间部位绘制一个描边正圆，如图 11-104 所示。

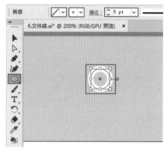

图 11-104

步骤 06 将制作完成的标志文档打开，把标志复制一份，放在当前操作文档中间部位，并将标志适当缩小。此时文件袋正面制作完成，如图 11-105 所示。

步骤 07 接下来制作文件袋背面效果。将正面效果图中的背景矩形、顶部不规则图形、白色描边正圆以及标志复制一份，放在右侧部位。同时将标志适当缩小，放在中间偏下部位，如图 11-106 所示。

图 11-105

图 11-106

步骤 08 将封口图形和小正圆选中，如图 11-107 所示。

图 11-107

步骤 09 右击，在弹出的快捷菜单中执行"变换"→"镜像"命令，在"镜像"对话框中选中"水平"单选按钮，设置完成后单击"确定"按钮，如图 11-108 所示。

图 11-108

步骤 10 将图形进行上下的翻转，如图 11-109 所示。

图 11-109

步骤 11 接着在两个图形选中状态下，将其向下移动，使其顶部边缘与白色矩形边缘重合，如图 11-110 所示。

图 11-110

步骤12 下面在文件袋背面底部添加文字。选择工具箱中的文字工具，在版面底部左侧输入文字。选择该文字，在控制栏中设置"填充"为灰色、"描边"为无，同时设置合适的字体、字号，如图 11-111 所示。

图 11-111

步骤13 接着对部分文字的字体粗细状态进行调整。在文字工具使用状态下，将部分文字选中，在控制栏中设置一种稍粗的字体样式，如图 11-112 所示。

图 11-112

步骤14 使用同样的方法对其他的部分文字进行更改，如图 11-113 所示。

图 11-113

步骤15 继续使用文字工具在已有文字右侧输入其他文字。此时文件袋正反两面制作完成，如图 11-114 所示。

图 11-114

7. 制作信封

步骤01 新建一个 A4 大小的竖向空白文档。接着选择工具箱中的矩形工具，在控制栏中设置"填充"为灰色、"描边"为无。设置完成后绘制一个与画板等大的矩形（这里填充灰色，是为了让浅色信封效果更加明显），如图 11-115 所示。

图 11-115

步骤02 接着制作信封正面。选择工具箱中的矩形工具，在控制栏中设置"填充"为白色、"描边"为无。设置完成后在灰色矩形中间部位绘制图形，如图 11-116 所示。

图 11-116

步骤03 接下来从素材"1.ai"中复制部分元素，粘贴到当前文档白色矩形底部位置，并将其适当放大，如图 11-117 所示。

图 11-117

步骤04 下面在信封正面左上角绘制用于填写邮政编码的小矩形。选择工具箱中的矩形工具▣，在控制栏中设置"填充"为无、"描边"为深灰色、"描边粗细"为 0.5pt。设置完成后在白色矩形左上角绘制图形，如图 11-118 所示。

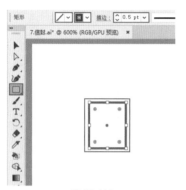

图 11-118

步骤05 将绘制的小矩形选中，按住 Alt 键和 Shift 键的同时鼠标左键向右拖曳，这样可以保证图形在同一水平线上移动。至右侧合适位置时释放鼠标右键，将图形进行复制，如图 11-119 所示。

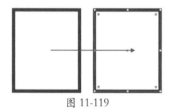

图 11-119

步骤06 在当前图形复制状态下，使用四次快捷键 Ctrl+D 将图形进行相同移动方向、相同移动距离的复制，如图 11-120 所示。

图 11-120

步骤07 接着在右上角绘制粘贴邮票的正方形。继续使用矩形工具在信封正面右上角绘制一个黑色描边正方形，如图 11-121 所示。

步骤08 在正方形选中状态下，将其复制一份，放在已有图形右侧位置，使两个图形边缘位置相连接，如图 11-122 所示。

步骤09 下面制作信封顶端的封口图形。选择工具箱中的钢笔工具✎，在控制栏中设置"填充"为浅灰色、"描边"为无。设置完成后在白色矩形顶部绘制图形，如图 11-123 所示。

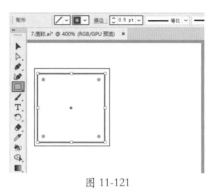

图 11-121

图 11-122

图 11-123

步骤10 继续使用钢笔工具在信封正面左侧绘制图形，如图 11-124 所示。

步骤11 由于左右两侧的粘贴图形是相对的，因此只需对左侧图形进行复制与对称操作即可。将左侧图形选中，右击，在弹出的快捷菜单中执行"变换"→"镜像"命令，在"镜像"对话框中选中"垂直"单选按钮，设置完成后单击"复制"按钮，如图 11-125 所示。

图 11-124　　　　　　图 11-125

步骤 12 对图形进行垂直对称操作的同时并复制一份，然后将图形移动至右侧位置，如图 11-126 所示。

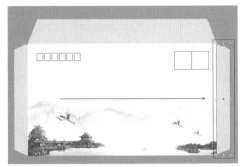

图 11-126

步骤 13 接下来制作背面效果。将信封正面的白色背景矩形复制一份，放在其下方位置，如图 11-127 所示。

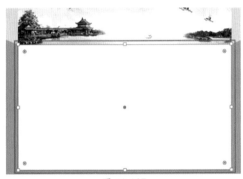

图 11-127

步骤 14 下面在复制得到的白色矩形中间部位添加标志，并将其适当缩小，如图 11-128 所示。

图 11-128

步骤 15 由于本案例制作的是信封展开平面图，因此在背面呈现的标志是相反状态。在选中标志状态下，右击，在弹出的快捷菜单中执行"变换"→"镜像"命令，在"镜像"对话框中选中"水平"单选按钮，设置完成后单击"确定"按钮，如图 11-129 所示。

步骤 16 此时信封的平面展开图制作完成，如图 11-130 所示。

图 11-129

图 11-130

8. 制作信纸

步骤 01 首先新建一个 A4 大小的竖向空白文档，接着选择工具箱中的矩形工具，在控制栏中设置"填充"为白色、"描边"为无。设置完成后绘制一个与画板等大的矩形，如图 11-131 所示。

图 11-131

步骤 02 接着在文档底部添加山水素材。将素材"1.ai"打开，将第二行较宽的山水素材选中，复制一份并放在当前文档白色矩底部，将其适当放大，如图 11-132 所示。

图 11-132

步骤 03 将素材选中，在打开的"透明度"面板中设置"不透明度"为 50%，如图 11-133 所示。

图 11-133

步骤 04 设置完成后的效果如图 11-134 所示。

图 11-134

步骤 05 接着在画板右侧绘制图形。选择工具箱中的矩形工具■，在控制栏中设置"填充"为灰色、"描边"为无。设置完成后在画板右侧绘制一个长条矩形，如图 11-135 所示。

步骤 06 将制作完成的工作证文档打开，选中带有折线的标志，使用快捷键 Ctrl+C 进行复制，如图 11-136 示。

图 11-135　　　　图 11-136

步骤 07 将标志粘贴到当前文档中，放置在当前

操作文档右上角，并适当缩小。此时信纸制作完成，如图 11-137 所示。

图 11-137

9. 制作纸杯

步骤 01 首先新建一个 A4 大小的竖向空白文档，接着选择工具箱中的矩形工具■，在控制栏中设置"填充"为灰色、"描边"为无。设置完成后绘制一个与画板等大的矩形，如图 11-138 所示。

步骤 02 接下来制作杯身。选择工具箱中的钢笔工具✎，在控制栏中设置"填充"为白色、"描边"为无。设置完成后在灰色矩形中间部位绘制图形，如图 11-139 所示。

图 11-138　　　　　　图 11-139

步骤 03 选择工具箱中的圆角矩形工具■，在控制栏中设置"填充"为灰色、"描边"为无、"圆角半径"为 1mm。设置完成后在杯身图形顶部绘制图形，如图 11-140 所示。

图 11-140

步骤 04 接着在杯身底部添加山水图形。将素材"1.ai"打开，复制部分背景，粘贴到当前操作文档底部位置，并将其适当缩小，如图 11-141 所示。

图 11-141

步骤 05 山水素材有超出杯身的部分，需要将其进行隐藏处理。将白色的杯身图形复制一份，放置在山水素材上。然后将复制得到的图形和底部素材选中，使用快捷键 Ctrl+7 创建剪切蒙版，将素材不需要的部分隐藏，如图 11-142 所示。

图 11-142

步骤 06 接下来在纸杯上添加标志。将制作完成的标志文档打开，把标志复制一份，放置在杯身中间部位，并将其适当缩小。此时纸杯制作完成，如图 11-143 所示。

图 11-143

10. 制作企业广告

步骤 01 首先新建一个"宽度"为 3500mm、"高度"为 1500mm、"方向"为横向的空白文档。接着选择工具箱中的矩形工具，在控制栏中设置"填充"为白色、"描边"为无。设置完成后绘制一个与画板等大的矩形，如图 11-144 所示。

图 11-144

步骤 02 接下来在文档中添加山水图形。将素材"1.ai"打开，把较宽的背景元素选中，复制一份并放置在当前操作文档上，将其适当放大，如图 11-145 所示。

图 11-145

步骤 03 将素材选中，在"透明度"面板中设置"不透明度"为 50%，如图 11-146 所示。

图 11-146

步骤 04 设置完成后的效果如图 11-147 所示。

图 11-147

步骤05 下面在文档左上角添加标志，并将其适当缩小，如图 11-148 所示。

图 11-148

步骤06 接着在文档中添加文字。选择工具箱中的文字工具 T，在画板中间偏右部位输入文字。选择该文字，在控制栏中设置"填充"为黑色、"描边"为无，同时设置合适的字体、字号，如图 11-149 所示。

图 11-149

步骤07 继续使用文字工具在主标题文字下方单击输入其他文字。通过文字的大小对比，增强版面的灵活感，如图 11-150 所示。

图 11-150

步骤08 将标志中的祥云图形选中，复制一份，放置在主标题文字中间的空白部位，调整图形摆放顺序并将其适当放大，如图 11-151 所示。

图 11-151

步骤09 把主标题文字中间的祥云图形选中，右

击，在弹出的快捷菜单中执行"变换"→"镜像"命令，在"镜像"对话框中选中"垂直"单选按钮，设置完成后单击"复制"按钮，如图 11-152 所示。

图 11-152

步骤10 将图形进行垂直方向对称的同时复制一份，然后将复制得到的图形适当缩小，放置在副标题文字左侧部位，如图 11-153 所示。

图 11-153

步骤11 选择工具箱中的矩形工具 □，在控制栏中设置"填充"为灰色、"描边"为无。设置完成后在画板底部绘制一个长条矩形，如图 11-154 所示。

图 11-154

步骤12 接着在灰色的长条矩形上方添加文字。将制作完成的文件袋打开，把文件袋背面底部的文字选中，复制一份放在当前文档灰色矩形上方，并将文字字号适当调大，如图 11-155 所示。

图 11-155

步骤 13 接下来将副标题文字左侧的祥云图形选中，复制三份放在底部文字之间的空白位置，并对图形大小进行适当调整。此时广告牌制作完成，如图 11-156 所示。

图 11-156

11. VI 画册排版

步骤 01 执行菜单"文件"→"新建"命令，在"新建文档"窗口中单击"打印"按钮，选择 A4。接着在右侧设置"方向"为竖向、"画板"为 13，设置完成后单击"创建"按钮，如图 11-157 所示。

图 11-157

步骤 02 设置完成后的效果如图 11-158 所示。

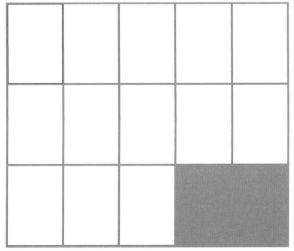

图 11-158

步骤 03 接着制作画册封面。选择工具箱中的矩形工具▭，在控制栏中设置"填充"为白色、"描边"为无。设置完成后绘制一个与"画板 1"等大的矩形，如图 11-159 所示。

步骤 04 接下来在白色矩形底部添加山水素材，在控制栏中设置"不透明度"为 50%，如图 11-160 所示。

图 11-159

图 11-160

步骤 05 下面在封面画板右上角添加标志。将制作完成的标志文档打开，把标志复制一份，放在当前画板右上角位置，并将标志适当缩小，如图 11-161 所示。

图 11-161

步骤 06 接着在封面画板中间部位添加文字。选择工具箱中的直排文字工具 T，在封面中间部位输入三组文字，如图 11-162 所示。

步骤 07 选择工具箱中的直线段工具 ╱，在控制栏中设置"填充"为无、"描边"为黑色、"描边粗细"为 0.01pt。设置完成后在文字中间部位按住 Shift 键的同时按住鼠标左键，自上向下拖曳绘制一条垂直直线段，如图 11-163 所示。

图 11-162　　　　　图 11-163

步骤 08 此时画册封面制作完成，如图 11-164 所示。

步骤 09 下面制作画册内页效果。从案例效果中可以看出，内页的版式是统一的格式，因此只需制作出一个内页的页眉与页脚效果，将其复制多份放置在其他内页画板上即可。将封面的白色背景矩形复制一份，放置在"画板 2"上方，如图 11-165 所示。

图 11-164　　　　　图 11-165

步骤 10 接着绘制在页眉上方用于文字放置的矩形。选择工具箱中的矩形工具▢，在控制栏中设置"填充"为土黄色、"描边"为无。设置完成后在"画板 2"顶部绘制图形，如图 11-166 所示。

图 11-166

步骤 11 下面在土黄色长条矩形上添加文字。选

择工具箱中的文字工具▣，在土黄色矩形左侧输入文字。选择该文字，在控制栏中设置"填充"为白色、"描边"为白色、"描边粗细"为 0.5pt，同时设置合适的字体、字号，如图 11-167 所示。

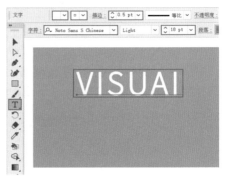

图 11-167

步骤 12 继续使用文字工具在已有文字下方和右侧单击输入其他文字，如图 11-168 所示。

图 11-168

步骤 13 选择工具箱中的直线段工具▨，在控制栏中设置"填充"为无、"描边"为白色、"描边粗细"为 0.75pt。设置完成后在左侧文字中间部位绘制一条直线段，如图 11-169 所示。

图 11-169

步骤 14 接下来制作页脚。将封面标志中的祥云图形复制一份，放置在"画板 2"右下角位置，并将其适当放大并旋转，如图 11-170 所示。

步骤 15 接着在图形左上角添加页码数字。选择工具箱中的文字工具▣，在祥云图形左上角输入文字。选择该文字，在控制栏中设置"填充"为土黄色、"描边"

为无，同时设置合适的字体、字号，如图 11-171 所示。

图 11-170

图 11-171

步骤 16 将内页所有文字以及图形对象选中，复制三份放在"画板 3""画板 4""画板 5"上，同时对相应的页码数字进行更改，如图 11-172 所示。

图 11-172

步骤 17 再次复制七份，放置在"画板 5"～"画板 11"上。然后将页眉中的"基础部分"文字更改为"应用部分"，同时对页码数字进行相应的调整，如图 11-173 所示。

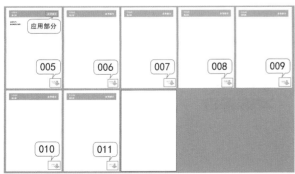

图 11-173

步骤 18 下面制作内页第一页——标志页的效果。选择工具箱中的文字工具 T，在土黄色矩形下方输入文字。选择该文字，在控制栏中设置"填充"为黑色、"描边"为无，同时设置合适的字体、字号，"对齐方式"为"左对齐"，如图 11-174 所示。

图 11-174

步骤 19 将文字选中，在打开的"字符"面板中设置"行间距"为 27pt，如图 11-175 所示。

图 11-175

步骤 20 将在封面右上角的标志选中，复制一份放在该画板中间位置，并将其适当放大。此时标志页制作完成，如图 11-176 所示。

步骤 21 接着制作内页第二页——墨稿页和反白稿页的效果。将标志页左上角的主标题文字复制一份，放置在当前画板左侧，并对文字内容进行更改，如图 11-177 所示。

图 11-176

图 11-177

步骤 22 将标志页的标志复制一份，放置在主标题文字下方，然后将标志整体填充为黑色，此时墨稿页制作完成，如图 11-178 所示。

图 11-178

步骤 23 接下来制作反白稿页。将左上角的标题文字复制一份，放置在下方，对文字内容进行更改，如图 11-179 所示。

图 11-179

步骤 24 选择工具箱中的矩形工具▢，在控制栏中设置"填充"为黑色、"描边"为无。设置完成后绘制一个黑色矩形，作为标志呈现载体，如图 11-180 所示。

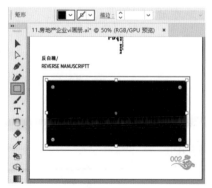

图 11-180

步骤 25 将墨稿标志复制一份，放置在黑色矩形上，并将其填充为白色。此时墨稿页和反白稿页制作

完成，如图 11-181 所示。

图 11-181

步骤 26 下面制作内页第三页——标准色页的效果。将墨稿页的主标题文字复制一份，放在标准色页左侧位置，并对文字内容进行更改，如图 11-182 所示。

图 11-182

步骤 27 将制作完成的标准色文档打开，把不同颜色的长条矩形和相应的色块数值文字选中，复制一份放在当前操作画板中间部位。此时企业标准色页制作完成，如图 11-183 所示。

步骤 28 使用同样的方法制作标准字页，如图 11-184 所示。

图 11-183

图 11-184

步骤 29 下面制作内页第五页——企业名片页的效果。将标准字页的主标题文字复制一份，放在当前画板左侧位置，并对文字内容进行更改，如图 11-185 所示。

步骤 30 将制作完成的名片文档打开，把名片正面所有对象选中复制一份。接着返回到当前操作画板，放置在中间偏左部位，并将其适当放大，然后使用快捷键 Ctrl+G 进行编组，如图 11-186 所示。

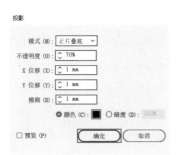

图 11-185　　　　　　　　图 11-186

步骤 31 接着为名片添加投影效果，增强层次立体感。在名片编组图形选中状态下，执行菜单"效果"→"风格化"→"投影"命令，在"投影"对话框中设置"模式"为"正片叠底"、"不透明度"为 70%、"X 位移"为 1mm、"Y 位移"为 1mm、"模糊"为 1mm、"颜色"为黑色，单击"确定"按钮，如图 11-187 所示。

投影

模式 (M)	正片叠底
不透明度 (O)	70%
X 位移 (X)	1 毫米
Y 位移 (Y)	1 毫米
模糊 (B)	1 毫米

● 颜色 (C) ■　○ 暗度 (D) 100%

□ 预览 (P)　　　确定　　取消

图 11-187

步骤 32 设置完成后的效果如图 11-188 所示。

步骤 33 接下来使用同样的方法制作名片背面立体效果，此时名片内页制作完成，如图 11-189 所示。

步骤 34 下面使用同样的方式制作企业信封、信纸、文件袋、工作证、纸杯、户外广告牌的效果，如图 11-190 所示。

步骤 35 接下来制作画册封底。将封面的白色背景矩形复制一份，放置在最后一个画板上，如图 11-191 所示。

图 11-188　　　　　　　　图 11-189

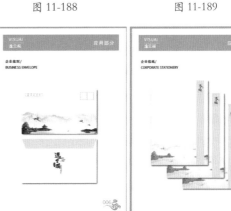

图 11-190

图 11-191

步骤 36 复制背景素材放在封底画板下方位置，并将其适当放大，如图 11-192 所示。

步骤 37 将封面右上角的标志复制一份，放置在封底画板中间部位，并将其适当缩小，如图 11-193 所示。

步骤 38 接着在封面底部添加文字，丰富版面细节效果，如图 11-194 所示。

图 11-192

图 11-193

图 11-194

步骤 39 到这里 VI 画册制作完成，如图 11-195 所示。

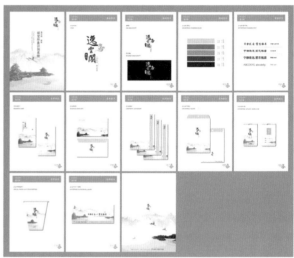

图 11-195

11.3 优秀作品欣赏

第 12 章　导视系统设计

随着高楼大厦和地下街道的增加，新的环境建设逐渐脱离了原来的自然地形及标识性事物，以"导航"为目的的导视系统设计便成为保障特定团体或场所的公共空间能够正常运行的重要手段和方式。本章主要从导视系统的含义、导视系统的常见分类等几个方面来学习导视系统设计。

12.1　导视系统设计概述

导视系统设计是一门新兴的信息设计学科，是为了以最合理、最易识别、最具效率的路径指引设计来引导、控制人流循环系统以及各类运输系统，使各类人群、车辆到达既定的目的地。导视系统设计是以充分把握环境和使用者的特征为前提的综合性设计工程，以实现人们安全、快捷地到达目的地为基本准则。

12.1.1　导视系统的含义

导视系统来自英文中的 SIGN，SIGN 有信号、标志、痕迹、预示等多种含义。导视系统是结合环境与人之间关系的信息界面系统，为信息发出者与接收者提供交流，以帮助人们正确认知、理解、联想、行动，并通过整体协调来发挥作用。完善的导视系统是空间、企业、城市必备的软件环境之一，它既有 VI 识别功能，也有现实的指向功能，如图 12-1 所示。

图 12-1（续）

12.1.2　导视系统的常见分类

设计导视系统之前，必须先了解什么是导视系统，以及导视系统的分类。导视系统一般分为环境类导视系统、营销类导视系统、公益类导视系统、办公类导视系统和必备类导视系统几个类别。

环境类导视系统：环境导视系统在不同的环境中其风格和功能指向也有所不同，如度假休闲、商务政

图 12-1

务、楼盘家居等。设计时需要依据其特定的环境来选择相应的风格，使整个环境具有整体性、统一性，如图 12-2 所示。

图 12-2

营销类导示系统：营销导视系统是为销售过程服务的，为销售过程创造良好的营销环境。与环境导视系统的目标指向不同，其首要考虑的是企业品牌，如Logo、名称、颜色等，如图 12-3 所示。

图 12-3

公益类导视系统：公益导视系统要符合大环境的文化定位，强调一种温馨的氛围和人情化。公益导视系统大多只对个体或事件进行说明、表述，强调风格统一，如图 12-4 所示。

图 12-4

办公类导视系统：办公导视系统是根据管理者的要求来定位的，针对不同的办公空间进行指引和说明的导视系统，如图 12-5 所示。

必备类导视系统：必备导视系统有特定的功能性和指定性，在色彩、造型、安装、使用等方面都有严

格的技术标准。它是由相应工程的施工单位提供并安装的，包括紧急出口、消防设备、电、水、光缆、煤气等标识，如图 12-6 所示。

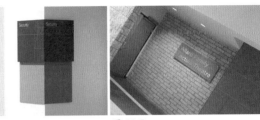

图 12-5

图 12-6

12.1.3 导视系统设计的常用材料

导视系统设计是以信息传播的载体为主体的，在进行系统设计时要充分利用各种材料和工艺，应用不同的材料与工艺往往能得到不同风格与功能的导视系统。导视系统设计的常用材料主要包括木头、金属、玻璃、塑料、光、声音和其他材料等。

木头：采用木头材料时，要充分考虑材料的自然特性。木头主要运用于休闲、古朴、自然的场所，如公园、度假区、自然景区等，如图 12-7 所示。

图 12-7

金属：金属以独特的光泽和质感、变化多端的特性以及经久耐用的优势在导视系统中发挥看不可替代的作用，室内、室外均可使用，如图 12-8 所示。

玻璃：玻璃作为导视系统表现的载体，主要用于室内。如用钢化玻璃制作的导视性雕塑，既有极强的导视功能，又具审美性，如图 12-9 所示。

塑料：塑料是现今应用广泛又多样的材料之一。它轻便、经济、易于成型、可回收，具有可研究性和

信息性。塑料的种类很多，不同的塑料有不同的特点。如透明聚丙烯色彩明亮，具有糖浆般透明的效果，如图 12-10 所示。

光：光虽然不是一种材料，但是光在导视系统中的作用不可忽略。光可以表现材料的本性，而且可以创造视觉焦点，具有强烈的指引作用，如图 12-11 所示。

图 12-8

图 12-9

图 12-10

图 12-11

声音：严格来说，声音不能被称为一种材料，但其导视作用却是其他材料所不及的。它能快速有效地帮助我们利用各种可能的信息传递要素，并有可能达到意想不到的导视效果，并为视觉障碍者提供了方便。

12.2　商业案例：商务酒店导视系统设计

12.2.1 设计思路

▶ 案例类型

本案例是为商务酒店设计的导视系统。

▶ 项目诉求

本酒店是主要针对中高端消费群体的商务楼。酒店设施较为豪华，所以与其相匹配的导视系统应体现出一定的档次和品位，能够明显地与经济型酒店区别开来，营造奢华、高贵之感，如图 12-12 所示。

图 12-12

▶ 设计定位

根据商务、高端、豪华这一特征，使我们联想到红酒奢华而内敛的气质。导视系统采用酒红色搭配金黄色的欧式花纹，可以尽显奢华与优雅；版面内容简洁，可以凸显大气之感，如图 12-13 所示。

图 12-13

12.2.2 配色方案

酒红色与金色的搭配，是最能够诠释高贵、奢华的配色方案之一。本案例以酒红色为主色，搭配带有金属质感的金色渐变，并通过淡灰色进行调和，可以营造出高端且内敛的效果。

▶ 主色

从红酒中提炼出了酒红色作为主色。酒红色既保持了高雅的品质，又不失人情味，而且具有一定的温度感。若采用艳丽的正红色，则可能产生过于刺眼、大胆、危险的负面感受，如图 12-14 所示。

图 12-14

▶ 辅助色

导视系统各个部分均以温和、典雅的酒红色为主色，辅助以时尚朴素的灰色，两种颜色填充的版面平衡而协调，如图 12-15 所示。

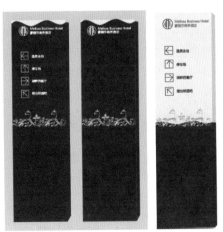

图 12-15

▶ 点缀色

点缀以高明度、高纯度的华丽耀眼的金色，可以提亮整个版面，使整个画面变得明快活跃。若不采用高明度的颜色提亮整体，整个视觉效果会大打折扣，显得过于单调、沉闷。图 12-16 所示为对比效果。

图 12-16

▶ 其他配色方案

深灰色与酒红色搭配也具有奢华的气质，但是相对而言明度偏低，略显压抑，如图 12-17 所示。完全采用金色作为导视系统的主色调，明亮而华丽，但是商务感有所缺失，如图 12-18 所示。

图 12-17   图 12-18

12.2.3 版面构图

导视系统的各个组成部分均采用上下分割型结构进行编排，界面的上部为导视信息，下部为酒红色图形色块。结构分明、信息罗列清晰、导向功能明确，如图 12-19 所示。

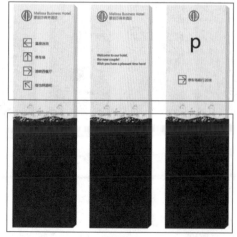

图 12-19

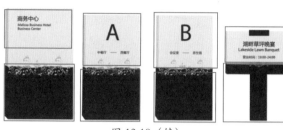

图 12-19（续）

除此之外，还可以尝试将版面进行纵向分割，指示牌的一侧或双侧以稍小区域的酒红色进行装饰，如图 12-20 所示。

图 12-20

12.2.4 同类作品欣赏

12.2.5 项目实战

▶ 制作流程

本案例的导视系统虽然包含多个部分，但是各个部分的版面布局以及制作方法都非常相似。首先使用矩形工具与钢笔工具绘制导视牌的基本形态，添加欧式花纹素材并输入文字，完成第一块导视牌的制作。圆形导视牌需要用到剪切蒙版功能，使导视牌只显示出圆形的区域。其他矩形的导视牌与第一块导视牌的制作方法相同，可以复制其中类似的内容，然后进行修改即可，如图 12-21 所示。

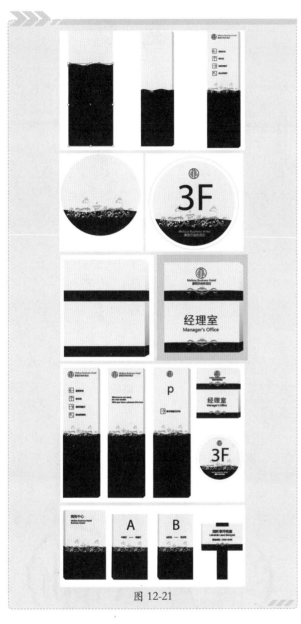

图 12-21

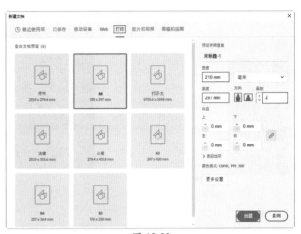

图 12-22

图 12-23

步骤 02 选择工具箱中的矩形工具▢，在控制栏中设置"填充"为浅灰色、"描边"为无，然后在画面中单击，在弹出的"矩形"对话框中设置"宽度"为 50mm、"高度"为 180mm，如图 12-24 所示。设置完成后单击"确定"按钮，即可得到一个矩形，如图 12-25 所示。

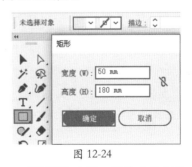

图 12-24　　　　　　　　图 12-25

步骤 03 选择工具箱中的钢笔工具✐，在控制栏中设置"填充"为酒红色、"描边"为无，绘制出一个不规则图形，然后把绘制的图形摆放在矩形上，如图 12-26 所示。

步骤 04 制作导视牌的侧面。使用钢笔工具在导视的右侧绘制图形，填充为灰色，如图 12-27 所示。继续使用同样的方法，在导视牌的下方绘制图形，如图 12-28 所示。

▶ 技术要点

☆ 使用"透明度"面板制作导视牌侧面的阴影。

☆ 使用剪切蒙版制作圆形导视牌。

▶ 操作步骤

1. 制作"画板 1"中的导视牌

步骤 01 执行菜单"文件"→"新建"命令，在弹出的"新建文档"对话框中设置"画板数量"为 2、"大小"为 A4、"方向"为横向，如图 12-22 所示。设置完成后，单击"确定"按钮完成操作，效果如图 12-23 所示。

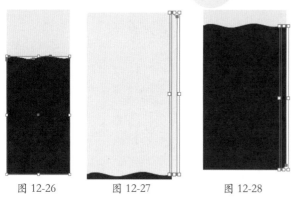

图 12-26   图 12-27   图 12-28

步骤 05 使用钢笔工具绘制一个与侧面图形一样的图形并填充为黑色，如图 12-29 所示。选择黑色的图形，执行菜单"窗口"→"透明度"命令，在打开"透明度"面板中设置"混合模式"为"正片叠底"、"不透明度"为 20%，如图 12-30 所示。导视牌的侧面效果如图 12-31 所示。

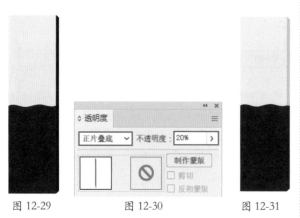

图 12-29   图 12-30   图 12-31

步骤 06 制作标志。选择工具箱中的椭圆工具，在控制栏中设置"填充"为无、"描边"为酒红色、"描边粗细"为 1pt，然后在画面中单击，在弹出的"椭圆"对话框中设置"宽度"和"高度"为 8mm，如图 12-32 所示。设置完成后单击"确定"按钮，正圆效果如图 12-33 所示。

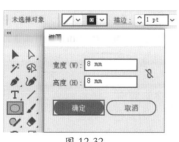

图 12-32   图 12-33

软件操作小贴士

了解"图层"面板

"图层"面板常用于排列所绘制图形的各个对象。可在该面板中查看对象状态，也可以对对象及相应图层进行编辑。执行菜单"窗口"→"图层"命令，可以打开"图层"面板，如图 12-34 所示。

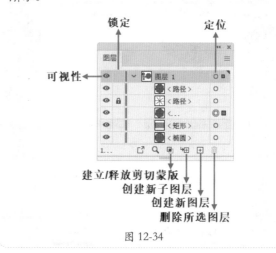

图 12-34

步骤 07 选择正圆，执行菜单"对象"→"扩展"命令，将正圆的描边扩展为图形，如图 12-35 所示。使用矩形工具在正圆中绘制多个矩形图形，效果如图 12-36 所示。

图 12-35   图 12-36

步骤 08 选择工具箱中选择星形工具，在矩形上绘制一个合适大小的星形，如图 12-37 所示。选择五角星，然后按住 Alt 键讲行拖电复制，并将其移动到合适位置。使用该方法将星形复制三份，效果如图 12-38 所示。

步骤 09 将标志移动到导视牌的上方，然后选择工具箱中的文字工具，在控制栏中选择合适的字体以及字号，填充颜色设置为灰色，在标志旁边单击并输入文字，如图 12-39 所示。

图 12-37

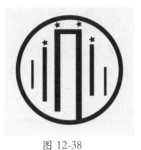

图 12-38

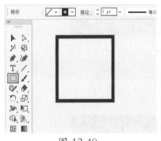

图 12-39

步骤10 选择工具箱中的矩形工具▢，在控制栏中设置"填充"为无、"描边"为酒红色、"描边粗细"为 1pt，然后在画面中按住 Shift 键的同时绘制一个正方形，如图 12-40 所示。接着使用钢笔工具在矩形中绘制一个箭头形状，效果如图 12-41 所示。

图 12-40   图 12-41

步骤11 将图标进行框选，然后使用快捷键 Ctrl+G 将其进行编组。将图标进行复制，然后向下移动并旋转，如图 12-42 所示。使用同样的方法再次进行复制并旋转，效果如图 12-43 所示。

图 12-42   图 12-43

步骤12 继续使用文字工具输入文字，如图 12-44 所示。打开素材文件"1.ai"，将花纹素材全部选中，使用快捷键 Ctrl+C 进行复制，返回到案例制作文档中，

按快捷键 Ctrl+V 进行粘贴，将粘贴的花纹放置在交界处，效果如图 12-45 所示。

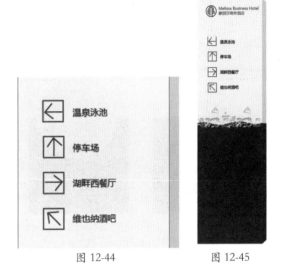

图 12-44   图 12-45

步骤13 制作导视牌的背面。首先将制作完成的导视牌复制一份，然后将导视牌上方的部分图标及文字删除，如图 12-46 所示。接着选择工具箱中的文字工具 T，在控制栏中选择合适的字体以及字号，设置"填充"为酒红色，在导视符号旁边单击并输入文字，如图 12-47 所示。使用同样的方法制作停车场的导视牌，效果如图 12-48 所示。

图 12-46   图 12-47   图 12-48

步骤14 制作楼层导视牌。首先将户外导视牌中的背景复制一份，如图 12-49 所示，然后使用椭圆工具在其上面绘制一个正圆形状，如图 12-50 所示。

图 12-49　　　　　图 12-50

步骤15 将这三个形状加选，执行菜单"对象"→"剪切蒙版"→"建立"命令，建立剪切蒙版，使导视牌只显示圆形内部的形态，效果如图 12-51 所示。接着使用文字工具输入文字并添加标志，效果如图 12-52 所示。

图 12-51　　　　　图 12-52

步骤16 选择工具箱中的椭圆工具，设置"填充"为无、"描边"为灰色、"描边粗细"为 1pt，然后在图形的外侧绘制一个正圆轮廓，效果如图 12-53 所示。

图 12-53

步骤17 下面绘制酒店办公区域导视牌。使用矩形工具绘制一个"宽"为 60mm、"高"为 70mm 的灰色矩形，如图 12-54 所示。继续使用矩形工具在其上面绘制两个酒红色的矩形，并放置在合适的位置，如图 12-55 所示。

图 12-54　　　　　图 12-55

步骤18 使用钢笔工具绘制导视牌的侧面，如图 12-56 所示。

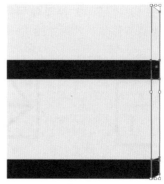

图 12-56

步骤19 压暗侧面的亮度。首先使用钢笔工具绘制一个与侧面等大的形状，然后为其填充灰色系的半透明渐变。"渐变"面板如图 12-57 所示，渐变效果如图 12-58 所示。

图 12-57　　　　　图 12-58

步骤20 选择该图形，设置"混合模式"为"正片叠底"，如图 12-59 所示。效果如图 12-60 所示。

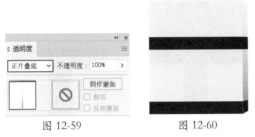

图 12-59　　　　　　　图 12-60

步骤 21 将标志复制一份并放置在导视牌上，如图 12-61 所示。选择工具箱中的文字工具 T，在控制栏中设置合适的字体以及字号，设置"填充"为酒红色，在合适的地方单击并输入文字，如图 12-62 所示。

图 12-61　　　　　　　图 12-62

步骤 22 将素材"1.ai"中的花纹素材复制到本文档内，放置在红白交界的区域，效果如图 12-63 所示。

图 12-63

2. 制作"画板 2"中的导视牌

步骤 01 制作酒店区域导视牌。使用矩形工具在"画板 2"中绘制一个"宽"为 60mm、"高"为 100mm 的矩形，如图 12-64 所示。选择工具箱中的钢笔工具 🖋，设置"填充"为酒红色，绘制一个不规则图形，并将绘制的图形摆放在合适的位置，如图 12-65 所示。

步骤 02 使用钢笔工具绘制导视牌左侧的侧面图形，如图 12-66 所示。按照之前制作侧面阴影效果的方法将这个导视牌侧面的亮度压暗，效果如图 12-67

所示。

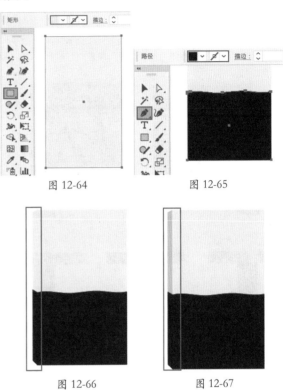

图 12-64　　　　　　　图 12-65

图 12-66　　　　　　　图 12-67

步骤 03 将之前用到的花纹素材复制一份，调整后摆放在交界位置，如图 12-68 所示。选择工具箱中的文字工具 T，在控制栏中设置合适的字体以及字号，设置"填充"为酒红色，在合适的地方单击并输入文字，如图 12-69 所示。

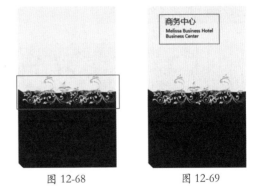

图 12-68　　　　　　　图 12-69

步骤 04 使用同样的方法制作另外两个导视牌，效果如图 12-70 和图 12-71 所示。

步骤 05 继续使用矩形工具，设置合适的填充颜色后，绘制出导视牌的轮廓，如图 12-72 所示。使用钢笔工具绘制导视牌的侧面，如图 12-73 所示。然后压暗其亮度，效果如图 12-74 所示。

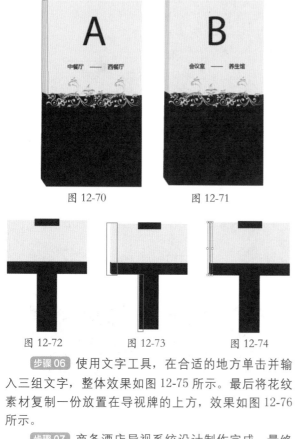

图 12-70   图 12-71

图 12-72   图 12-73   图 12-74

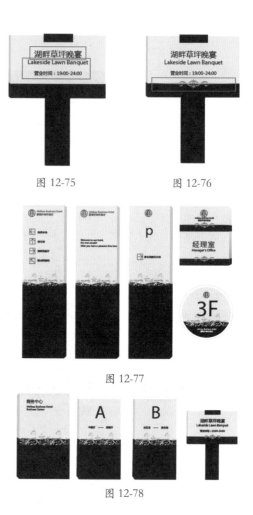

图 12-75   图 12-76

图 12-77

图 12-78

步骤 06 使用文字工具，在合适的地方单击并输入三组文字，整体效果如图 12-75 所示。最后将花纹素材复制一份放置在导视牌的上方，效果如图 12-76 所示。

步骤 07 商务酒店导视系统设计制作完成，最终效果如图 12-77 和图 12-78 所示。

12.3 优秀作品欣赏